越境ブックレットシリーズ4

食と農の知識論

種子から食卓を繋ぐ環世界をめぐって

西川 芳昭

東信堂

新たな知識の冒険へ――越境ブックレットシリーズの考え方

グローバル化と知識社会の変容の中で「知識とはなにか」「だれにとっての知識か」が世界的に問い直されている。このブックレットシリーズでは、グローバルな視点から知識とその伝達過程を問うことを目指している。我々は、知識を、学校教育で教えられるような教科書的なものとしてではなく、より広い社会生活の中で、人々が物事を判断し、行動していくために選び取られ、意味づけされていくものとして捉えている。したがって、本シリーズで取り上げる「知識」は、単なる情報とは異なり、それぞれの人々の価値判断によって選択され、再構成されたもの、とみなしている。

こうした理解に立つと、中立的で普遍的な知識というものは存在せず、必ずそれを構成した人（人々）の価値判断と目的があり、その「誰が」「何のために」知識を組み合わせて提示しているのか、という問題は、きわめて重要であることがわかる。同時に、情報を選び取って自分なりに意味を持つ知識の体系にしていくことは、我々が何かを考え、意見や意思を形成するための最も本質的な営みだと言える。このような視点から知識や学習というものを捉え直すことで、本シリーズでは、現代社会のさまざまな課題の本質を照らし出そうとしている。

「越境」という言葉に込められているのは、一つには学問の垣根を越えること、もう一つは国の枠を超えて、自由、公正、人権、平和といった、人間にとっての普遍的価値や理念を再構築する、グローバルな知のアリーナを提示することである。

執筆陣の多くは研究者であるが、知識が形成される場や状況、そしてそれが人々の生活や社会の中で活用されるかたちも多様であることから、教育学、社会学、人類学、女性学などさまざまな学問分野を背景にしつつもそれらの枠を超え、世界のさまざまな事例を用いて議論を展開する。グローバル社会では、知識も必ずしも土地に縛られず、インターネットなどのバーチャルな空間で行われる知識形成や国境を超えた人や知識の移動が一般的になってきている。そこで、このシリーズでも、こうした流動性や価値の多様化を考慮し、キャリアパスの多様性、伝統知と学校知、女性、災害、紛争、環境と消費、メディア、移民、ディスタンスラーニング、子どもの貧困、市民性など、従来は知識の問題として議論されてこなかったテーマも含めて取り上げていきたい。

本来、社会科学とは、社会で起きている現象を理解するために発生した諸学問であったはずだが、現代では、学問分野が専門化、細分化し、現実社会で起きる出来事を諸学の中で包括的に捉えることができないという逆説的状況も生まれている。そこで、本シリーズでは、各専門分野での研究の精緻さはいったん横に措き、社会で何が起きているのか、そして、そうした出来事をもたらした人々は、どのような価値観に基づいて行動したのか、そこで生成され、共有された知識とは何だったのかを論じる。それによって、本当の意味で知識を獲得すること、そしてそれを学問として行うことの意味を読者とともに考えていきたい。新たな知識論の冒険へ、ともに歩もう。

シリーズ編者　山田肖子
天童睦子

まえがき

「日本の種子が危ない」「私たちの食が多国籍企業による遺伝子組換え食品に席巻される」「日本の伝統野菜がなくなる」「コシヒカリの遺伝子が海外に盗まれる」というような、新聞記事やＳＮＳの投稿を見かけたことがあるだろうか。食料自給率が四〇％を切っている日本に生きる私たちにとって、食の確保と、その安全・安心は重要な関心事である。特に、この数年、日本では種子に関する法制度の変化があり、種子が食べ物の源であることに気づいている農家や市民が、種子の未来について憂慮している。しかし、心配を煽るような発言はどこまで信じられるのであろうか。「小さくて強い農業をつくる」(久松 2014)などの農業ビジネス関係のベストセラーの著作があり、有機農業をビジネスとして持続可能な形で実現している理論派の農業者である久松達夫さんは、農薬や種子に関する不見識で悪意のある言説がネットを中心に流され、不勉強な人が騙されやすい状況が続いていることを指摘している(久松氏のＳＮＳより筆者要約)。筆者も、悪意のあるなしに関わらず、誤った断片的な情報によって、騙される人が増えていることに憂慮している一人である。食の安心や安全は、放っておいて与えられるものではない。一人一人の市民が、自ら得た情報を、自らの判断で知識としてまとめ、それに基づいた行動を行うことによってのみ得られる尊い資源であり、社会の仕組みである。

「農薬は危ない」「国産は安心」というような断片的でわかりやすい情報が巷で拡散していることに対して、実際に毎日作物の世話をしつつ、消費者とも時間をかけてコミュニケーションしている現場からの切実な発言である。食や農に興味を持つ人たちが増える中で、遺伝子組換え反対、種苗法改正反対などというもっともらしい言説の束も流布されている。その中には、私たちが健康な生活を送るうえで重要な議論も多いが、生半可な聞きかじりや根拠の乏しいSNSの情報の受け売りで拡散したデマも多い。「食べることは生きること」を社会で実践し、農薬や遺伝子組換え作物を使わずに持続可能な農業を実践している農業者である久松さんの先の指摘は重い。食べものに関しては、久松さんのように、生産する農の営みを実践しながら丁寧に言葉を紡いでいる人たちが一方で存在し、もう一方には無責任に流布される言説をリツイートし、分かった気になっている人たちが増えている。本書では、身近な食べるものの安心・安全の議論から始めて、科学と社会の関係の複雑さと不確かさを描写したうえで、実際に私たちの食の源である種子を採っている人たちの見ている世界から、食と農の未来を導く知識の創出とコミュニケーションの可能性について論じることを目的としている。

日々食べものを生産している農家を含む多様な立場の市民が、それぞれの場における経験の積み重ねを通じて、独自の知識を積み上げているにもかかわらず、その知識と、狭い意味での科学的知見、政治経済的思惑との間には、建設的な情報交換や合意形成がむつかしい現状が見られる。食べることに関する認識や知識は、それが余りにも日常生活と密接に結びついているがゆえに、あえて、立ち止まって、自らの認識や知識の源泉となっている物事の見方や、考え方の歴史を見直すことが少ない。また、日常的なことであるだけに、「簡単に」「一言で」説明しようとするメディアの報道も多い。科学・技術だけでなく、社会や文化、個人の感性など多岐にわたるまなざしの相互作用の結果である食と農の知識が、そんなに簡単に得られるわけがないことに対する耐性がなくなっていることが、現代社会の大きな問題でもある。本書は、食と農に関する事象の中でも、命の源である作物の種子に関する知識について考える。その際に、実際に作物に触れている人たちの感性に基づく丁寧な描写こそが、食と農の知識の創造とそのコミュニケーションの原点にふさわしいことを紹介していきたい。

本書で取り上げる食品添加物や遺伝子組換え作物由来の食品については、科学技術の側面からの議論が多くあり、主要農作物種子法や種苗法については主に政治経済の観点から議論が交錯している。それぞれの議論は、多くの場合その文脈において正しくなされており、議論の当事者がまじめに取り組んでいることも一部を除いて疑いはないが、議論に参加する異なるステークホルダーの間に交わされる議論は必ずしもかみ合っていないことが多い。書籍編集者からライターに転じた武田(2015)は、ＳＮＳのようなゆるやかな大雑把なつながりで成り立つ社会においては、煙たい話ではなく、聞きたい話が好まれることを指摘する。似通った考えや付き合いの深い関係であっても、批判する必要がある場合は、炎上を恐れずに躊躇なく叩くという姿勢の重要性を説いている。そのような行為が、異なる視点を持つ人々の情報を統合し、知識創出につながると筆者も考えている。ところが、実社会においては、これは至難のことであるのは周知のとおりである。本書では、なぜこのようなことが起こるのか、どうすればこの問題を克服できる可能性があるのかについて、食と農、それらの根源を支える作物の種子を巡る多様な認識とその認識を作り出す「環世界」、それらの間のコミュニケーションのあり方を検討するという目標を掲げた知識論、という筆者の背景から越境を試みる中で議論したい。

紹介している議論のほとんどは、食と農について興味を持っている人たち、特に社会における科学の役割や機能について議論する科学技術社会論を学んでいる人たちにとって目新しいものではない。ただ、筆者が大学学部生時代から研究対象としてきた作物の種子というほとんど注目されてこなかったものを対象に、この問題を考える中で出会った「環世界」という思考を科学技術社会論に加える議論を試みることで、一方に絶望や混乱の状況があり、他方に希望がある知識論を展開してみたいと考えている。

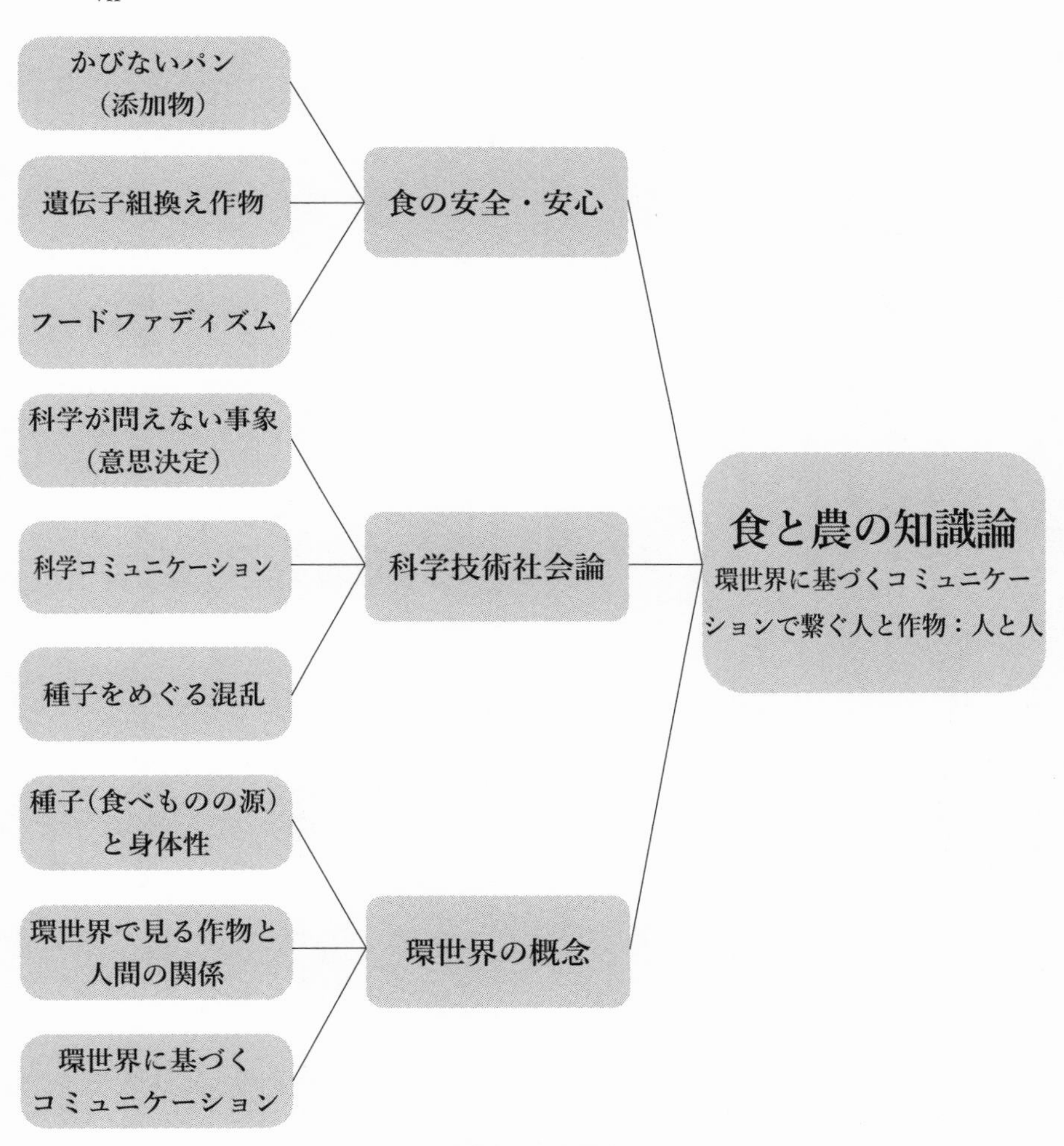
かびないパン
（添加物）
遺伝子組換え作物
フードファディズム
食の安全・安心
科学が問えない事象
（意思決定）
科学コミュニケーション
種子をめぐる混乱
科学技術社会論
種子(食べものの源)
と身体性
環世界で見る作物と
人間の関係
環世界に基づく
コミュニケーション
環世界の概念
食と農の知識論
環世界に基づくコミュニケー
ションで繋ぐ人と作物：人と人

参考：本書全体の構造

目次／越境ブックレットシリーズ　4
食と農の知識論——種子から食卓を繋ぐ環世界をめぐって

越境ブックレットシリーズ　4

食と農の知識論——種子から食卓を繋ぐ環世界をめぐって

序章　いま、食べものを通して知識を問う意味

食・食品に関する議論の多面性

食品の安全・安心が注目されているが、多くの日本人はなんとなく自分にとって健康であろう食事を摂るように気にしながらも、一部の市民を除いては、一般に流通している食べものの中からの選択に甘んじ、与えられた食べものに満足している。その一方で、地産地消、提携運動や自給自足的な食を追求し、安心・安全を担保する食の実現を目指す運動も長く根強く存在している。

食についての研究分野は、筆者が学生だった一九八〇年代は、農学部か家政学部（現在は生活科学部と呼ばれることが多い）の食品（工）学科を中心に、栄養学を中心とした自然科学系の分野と考えられてきた。人文社会学では、人類学や地理学などごく限られた分野で、世界中の多様な食について研究されていた。その後、食のグローバル化、外部化が進む中で、食に関する研究は、経済学・教育学・社会学などの社会科学、カルチュラルスタディーズ・文学・

フェミニズムなど人文学にすそ野が広がり、おおよそどのような学問分野でも食に関する研究が行われていると言える。考えてみれば、当たり前のことで、人間毎日二、三度の食事をするのが普通で、一週間も食事をしないと命に関わるような重要なものが食べものである。「人はその食べたものによって作られている」という格言もある。

食べるという行為が誰にとっても身近なものであるということは、とりもなおさず、どのような分野からも、また専門的な知識の有無にかかわらず誰でもが議論に参加し意見を表明することが可能であることになり、混乱の基になっている。全く異なる立場にある人が、類似の言葉を使って食に関する議論をするために、情報のやり取りをしている当事者はそれぞれの立場の枠組みや視角に基づいて言葉を理解し、一見コミュニケーションができているように見えながら、実は大きな誤解の繰り返しが起こることもある。食に関する課題の中で、量的な確保と並んで重要なテーマである食の安全・安心に関しても、このコミュニケーションの困難さが社会のあちらこちらに顕在化している。さらに、食を支える根源である作物の種子（厳密にはイモや枝などを含む生殖質であるが、本書では種子で統一する）については、充分な情報がないにもかかわらず、ツイッターなどのＳＮＳやブログなどで多くの見解が流布し、何が正しいかを判断することは一般市民には困難な状況になっている。自分の口に入る食物から、その原料である作物の生産、さらに作物の元となる種子に関することをまとめて表す言葉として、「食と農」という言い回しが一般化している。本来一連の行為であるべき消費的行為の「食」と生産的行為の「農」を別々に議論しては全体像が見えないという漠然とした理解は広がっている。現代社会において「食」が「農」から離れていったことの問題に気づいた人が多いにもかかわらず、どのようにつなげていいかに悩んでいる人も多いと考えられる。

社会科学と「食と農」

本書は、「食」と「農」についての社会科学的な議論を展開し、理解を深めるための知識創造と流通について考えることを意図して執筆した。人間の歴史を振り返ると、太古の昔には、人間は自分の食べるものを自分で採取するか栽培して、料理し、自ら食べていた。その後、世界の各所で、充分な食料が生産されるようになると、富の蓄積が起こり、農業以外の労働を行う人間が増えて、食料生産の分業化が起こった。生産する人（作物を栽培する人）と、消費する人（食べる人）とが分化することは、最初は同じ地域内で起こったが、その後地理的な分業も行われるようになり、食料の貯蔵を効率的に行うために加工方法も発達した。社会の近代化・産業化に伴い、このような分業はさらに細分化、グローバル化し、現在は、食料としての作物生産を行う人々と、食べる人々との間の物理的な距離は非常に長くなっている。日本で食事をしている私たちの食料も、その多くはお隣の国中国はもとより、太平洋を隔てた南北アメリカ大陸や、オーストラリア、さらにはアフリカから輸入されている。生産・加工・消費に分かれていた当初の分業は、現在は、主なものだけでも、栽培資材（種子や肥料）の供給、栽培、加工、流通、二次加工、販売、消費と細分化されている。（図1参照）

このような食と農をめぐるグローバルな仕組みの発展によって、私たちは居ながらにして多様な食品を取ることができ、またより安価な食品へのアクセスも可能になっている。しかしながら、急速かつ極端なグローバリゼーションと分業化は様々な社会的課題を引き起こしてきた。主なものは、農業生産が本来持っていた地域の自然・社会環境との相互関係や、生命の循環を含めた持続性の低下、生産者と消費者との関係性の希薄化、関連して、

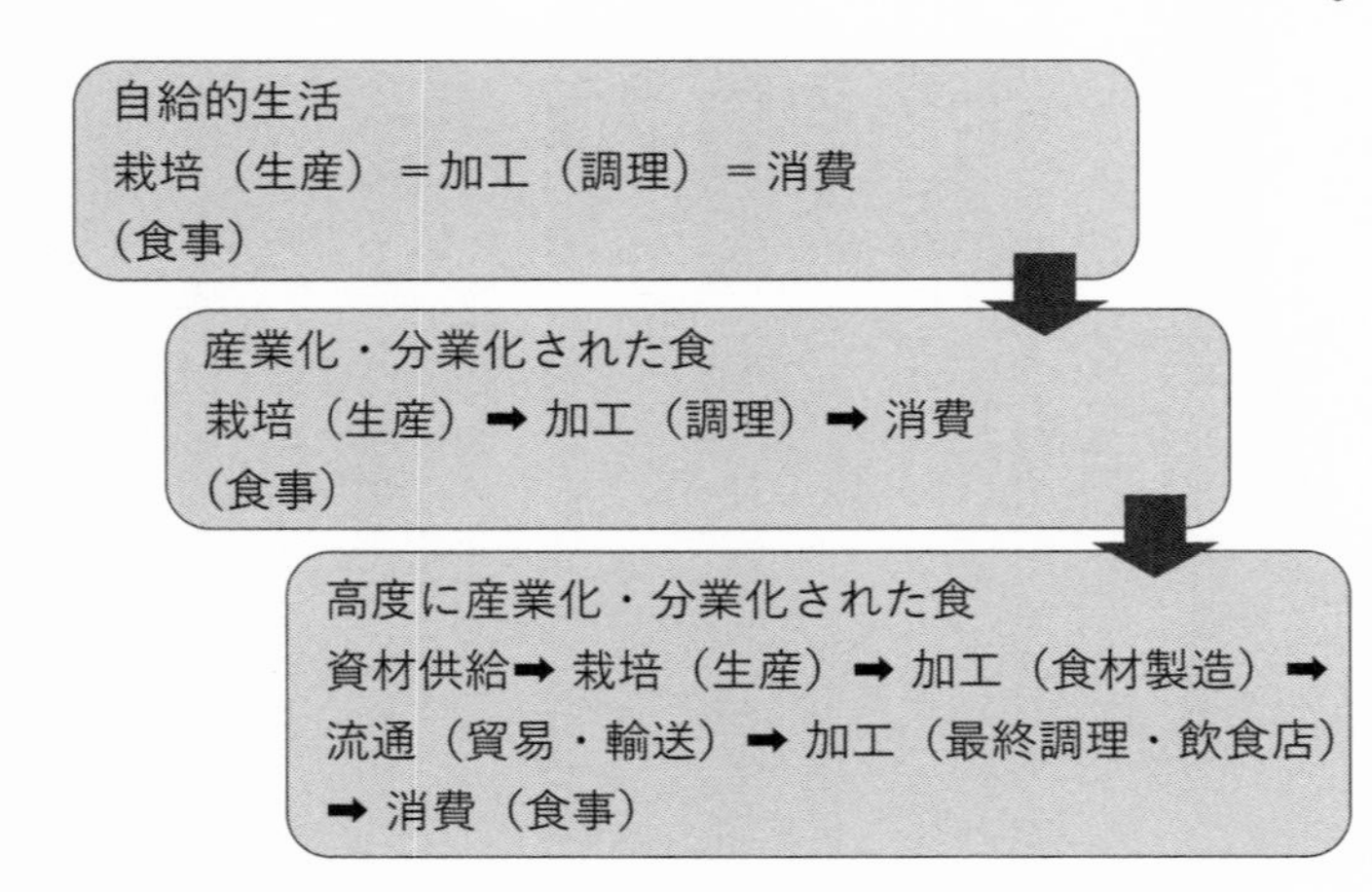

図１　長くなるフードチェーンが環世界を忘れ、安心を失わせた

食品の安全性に対する消費者の不安の増加などである。また、消費者の選択が増加することや、加工・流通の肥大化は、食と農の問題に倫理的な視点の必要性を引き起こしてきた。私たちが、何をどのように食べるかは、単に栄養価の問題や、安全の問題だけでなく、自らがどのような基準で自分の食べるものを選んでいるかを考える責任を問われるとともに、その生産・加工・流通等に関わっている他の人間との関係性に留意する必要があるわけである。「食と農」の問題を社会科学から論じている議論は多様であるが、筆者の限られた知見では、現行のシステムを批判的に見るものとしては、グローバル化・ネオリベラリズム席巻の現代社会における政治経済的権利論（食への権利）が一つの主流としてあり、もう一方では、個人の幸福を追求する健康志向のハウツー的議論であろう。国際社会の当面の合意事項である持続可能な開発も、前者の枠組みに入る議論である。

　より身近な問題としては、健康的な食事の啓発を表面的な目的として巷に流布している、いわゆる「食べてはいけない＊＊＊＊」本の類であるが、その発行目的自体が、内容の啓蒙だけでなく、単に「売れればいい」という資本主義的欲望にまみれ切ったものであることは（檜垣 2018: 192）少し考えればわかる。にもかかわらず、資本主義のもたらす限りない欲望を否定して、グローバル化やネオリベラリズム批判を行おうとする市民が、見事に誘導され、輸入食品や食品添加物、遺伝子組換え食品を吟味することなく批判し、安全・安心な食と喧伝されているものの消費に流されるのは、得ている情報が部分的であることに気づいていないか、あるいは複雑な社会の仕組みに目を背けているかは別にして、グローバル化やネオリベラリズムの手のひらの上で踊らされていることになる。

ここでは、簡単な問題提起にとどめておくが、このような本書の背景となる食と農の仕組みに関する社会科学について興味のある読者には、巻末の参考文献を手に取ってほしい。

本書の展開

以上のような背景や問題意識を踏まえて、本書は以下のような構成になっている。

まず、1章では、私たちに身近な食べ物に関する安全・安心の議論について、比較的話題になっている「カビの生えないパンの安全性」と「遺伝子組換え作物への賛否」を導入として、知識の創出の基盤を科学技術への信頼におく考え方と、必ずしもそうではない考え方が存在することを紹介したい。そのうえで、フードファディズムと呼ばれる、不確かな情報で、健康食品を摂取したり、特定の食品を忌避したりする行動について触れる。日本の初等・中等教育において、一般に科学教育というと、「客観的な」科学技術に関する方法論と知識を身に着けることを目標としており（科学技術リテラシーという）、科学そのものの不確実性は問われることは少ない。本書の中心課題である種子の問題について、食の安心・安全や食料安全保障との関係で混乱した状況にあることも第1章で簡単に紹介している。

続く2章では、1章で述べた科学技術に基づく知識に基盤を置いた議論では社会の仕組みや今後の制度作り、政策の議論を充分には行えないことを議論する。このような考え方は、科学技術社会論と呼ばれている。二〇〇一年に設立された科学技術社会論学会の設立趣意書には、「21世紀を迎え、自然環境に拮抗する人工物環境の拡大によって深刻化する地球環境問題、情報技術や生命技術の発展に伴う伝統的生活スタイルや価値観との相克など、社会的存在としての科学技術によって生じているさまざまな問題が、社会システムや思想上の課題として顕在化してきている。今や、われわれは、過去の経験に学びつつ、科学技術と人間・社会の間に新たな関係を構築することが求められているのである。」とあり、本書が取り扱うような、科学技術と社会・生活との接点を扱う議論において重要な概念と考えられる。

食と農の問題は、その作物の生産面だけを見ると、太陽エネルギーと水・二酸化炭素を利用した物理化学的反応であり、科学によって把握・分析され、〝客観的〟に描写され得る可能性が高い。しかし、食べるという行為は、人間の社会文化と密接に関係し、また人間の社会文化を構成するのみならず、人間と作物がお互いの相互関係の中でその形を変え、食べ方を作り出してきた歴史がある。

何をどのように食べるか、それをどのように決めるか、そのために必要な知識は何か、などの疑問に取り組むには、この趣意書が述べているような議論の枠組みが大いに参考になるだろう。

3章でいよいよ種子の問題について触れる。この章では、種子とはなにか、種子をめぐる世界の言説、最近の日本国内の種子をめぐる議論の混乱、種子をめぐる国際的法的枠組みなどについてまとめている。種子が生命を持っているものであり、物理化学の法則に従っているという点では、科学技術の対象である。さらに、遺伝子組換え技術を含めた生命科学のみならず、食品を通して種子から生産されたものが私たちの口に直接入ることを考えれば、これは科学技術社会論の対象でもある。この章では、食べることと、その根源である種子をめぐる政治経済的な用語の説明を行い、それらの用語が互いにどのような背景を持っており、お互いにどのように関係しているかについて、解説した。

4章では環世界の概念を用いて、種子を人間がどのように見ているかについて説明する。肉体という動物としての物理的な実体を持つ人間が、自己を取り巻く環境に関してできる認識は、客観的に（物理化学的に）存在する環境の把握ではなく、あくまでもその人間固有の認識に基づく「環世界」（次ページ参照）と呼ばれるものであるという、動物行動学の認識論を援用することで、生物学を学んだものとしての新しい科学技術社会論の解釈から知識創造へと読者を誘いたいと考えている。具体的には、筆者が考えている、「議論の混乱は多くのステークホルダーが種子に実際に触れていないことが原因である」ことを、実際に種子を育て、観察し、触り、言葉にしている人々の「環世界」を例示することを通じて社会システム論の考え方を示した。

社会科学者が、その発見を文章にしていく際に、おおざっぱに言って二つのやり方がある。一つは、ある事象に「賛成」「反対」の立場を最初に明確にして、その立場を根拠づけるこれまでの研究を引用して、主張した論点を固めていくものである。もう一つは、いったん研究の対象との距離を持って、対象となる事象に関する多様な論点（視点及び研究結果）を可能な範囲で列挙し、比較検討したうえで、その時点でもっとも妥当とされる結論を展開するものである。ただし、その際の、「妥当」を評価するのは、研究者自身の立ち位置によって変わるもので、決して普遍的なものではないことを認めるのが、社会科学の基本でもある。本書では、筆者は、後者の方法を取っている。すなわち、筆者の明確な立ち位置と考え方は明示するが、特に前半の2章では、より多面的な議論の紹介を行っている。読者にとって、回りくどい議論に見えるだろうが、そもそも社会の事象を理解するのに、「簡単に」「一言で」説明することは不可能であるばかりか、害悪でしかないという筆者の考え方を知っていただくためにも、少し読みにくい前半にもお付き合い願えたらと思う。

私の立ち位置、考え方は3章以降に詳しく説明しているが、一点、中心となる概念をここで紹介しておく。それは、「環世界」と呼ばれるものである。もともとは、生物学の実験から出てきた概念であり、異なる種（たとえば、人間と犬）は、同じものを見ていても、まったく違う捉え方をしているし、必要としている情報も全く異なるという考え方である。このような環境認識を表す概念は、一九三〇年代に生物学者ユクスキュルによって、提案されたものである。一般的に、科学者は、唯物論的に物を見ていたため、この世の中には、「もの」が実際に存在し、その存在を認めることが認識であると受け止められていた。そうでなければ、科学ではないともいえた。しかし、ユクスキュルは、「主体が認めたものによって構築された世界にこそ意味がある」と考えた。具体的にどのような科学実験によって、そのような概念を創出したかについては、4章を読んでほしいが、この「環世界」の概念と知識の創出・コミュニケーションがどうつながるか、導入的な説明をここでしておきたい。

ユクスキュル自身は、プラトンの洞窟の比喩を用いて説明している（ユクスキュル 2012: 242-252）。プラトンの比喩とは、「人間は洞窟の中で鎖に繋がれ、身動きをすることもできず、壁に向かって座っている。壁面には、人間の背後の高い位置にある通路を往来して運ばれる事物の影像が現れる。」というものである。ユクスキュルは、この洞窟を、人間の環世界というものの空間的な比喩と説明する。人間は、自分の環世界に繋ぎ留められているわけである。そして、この比喩が、自然を研究するものの様々な立場を確かめる視角を提供する。

環境のなかにある何かを認識しようとする観察者としての人間は、自分が見ている影像を客観的なものとみなす立場＝自分の感覚ではなく（すなわち、洞窟に繋がれる鎖からある意味自分を断ち切り）計測機器を用いて影像を観測する現代物理学者のような立場と、自分の環世界から抜け出ることを企てつつ同時に他の生物の環世界という別の洞窟の存在を認める生物学者のような立場に分類される。その中で、見えているものの実在をそのまま信じるのでもなく、自分以外の機械的な観測による実在を受け入れるのでもなく、あくまでも自分の環世界から出発して観察を行う立場が後者である。例えば、蚊の針と人間の皮膚が一致するように作られているから蚊は蚊の環世界において（人間が人間を見るようではなく）人間を見るのに対し、人間は人間の環世界において（蚊が蚊を見るようにではなく）蚊を見ているにもかかわらず、二者の間に関係が成り立ち、蚊は人間を栄養源として取り入れることが出来ている。物理学者ではなく、生物学者は、このような異なる環世界を（厳密に）区別して見ることができるとユクスキュルは考えた。

この考え方を拡張すると、異なる個体である、私と別の人間は、同じものを見ていても（すなわち、同じ情報に接しても）、形成される認識は全く異なる可能性が高く、その認識に基づく表現を行う限りにおいては、お互いが共感したり、理解したりすることは、原理的に不可能であるという考え方である。しかし、ここから先に、筆者のメッセージがある。筆者のメッセージは、情報が氾濫・錯綜する現代社会において、一人一人がよりよい生を営むことのできる社会を実現するためには、まずは社会を構成する一人一人の取り巻く環世界認識が重要であり、同時に他者の環世界が存在することも受け入れることによって、コミュニケーションの可能性が生まれるというものである。具体的にどのようにこの希望が生まれるかについては、結論を展開している第5章を見ていただきたい。食と農に関する多様な言説、特にSNS上でやりとりされる情報は必ずしも充分な現状分析に基づくものではなく、利用可能な情報を充分に吟味したうえで知識を創出しているわけではないラディカルな発言も多い。多くの社会科学の学習者が理解しているように、社会科学が穏健な社会改革に活用されるときにその威力をもっとも発揮できるという可能性を実現させ、社会を持続可能なものに変容させる鍵とするには、「環世界」によって認識された情報を、どのようにコミュニケーションしていくかが問われていると考えている。

1

食の安心と安全について

食べものの販売の際に、安心・安全という言葉がよくセットでつかわれている。多くの場合、安心と安全は、一体化した言葉として使用されることも多い。例えば、スーパーマーケットやＪＡ（農協）が食品を販売するときに、「安心・安全な食品を食卓に提供する。」という宣伝を行っている。このような宣伝を見て、なにかおかしいと感じるのは私だけであろうか。一般に安全は客観的な科学的証明が可能であるが、安心は主観的判断であると言われている。実際、自分にとって何が安心かを、自分以外の他者が決定することは不可能なはずである。したがって、安心が主観的なものであることはおおむね合意できる。では、安全は、本当に客観的に証明できるのだろうか。化学合成された農薬や肥料が、そうでない農薬や肥料より安全であるということは自明であるのだろうか。スーパーマーケットなどで日常的に売られているものは、安全と言って差し支えないのであろうか。また、この安全は、誰が保証してくれているのであろうか。疑問は次から次へとわいてくる。安全の基準が客観的に決められているものでないことは、例えば、食品添加物や遺伝子組換え作物の表示や許容、さらには食品の摂取量そのものにみられるヨーロッパ・北アメリカ・日本の基準や政策の違いから分かる。ヨーロッパでは使用が禁止されている農薬が日本では認められていることは良く知られている。アメリカでは、州によって、遺伝子組換え食品の表示が異なっている。北欧では幼児の離乳食に米を使用することはヒ素の摂取が懸念されてお米のおかゆの使用を避けるように言われているが、生涯の発がんリスクを一〇万分の一に抑えるという国際的な基準の一〇〇倍以上の量を日本の子供たちは摂取している(村上ほか 2014)。

科学的に安全であることが主張されていても、心で判断する安心というものはまた別物である。仮に、安全であることがある程度証明されても(それも難しいが)、安心であることを他者が保証することは不可能である。ここが遺伝子組換え食品などに関して反対と賛成の意見が平行線をたどる根本的な理由の一つである。最終的には、自分が安心と思えるものを食べればいいのだが、その判断をするための情報をどのように入手し、知識として創出するかも大きな課題である。実際に現状を見てみると、建設的な対話は少なく、多くの場合、反対する人と賛成する人同士がお互いに否定しあう状態に膠着(こうちゃく)している現状がある。本書では、食べものの源である種子についての捉え方について、生物学と社会科学の接点から議論したいと考えているが、日常生活で種子に触れている人はほとんどいないことから、まず身近な食べものの事例から話を進めていきたい。

第１節　かびないパンのはなし

食の安全・安心を気にかける市民の間で一時話題となった言説に、次のようなものがある。それは、「大手製パン企業であるヤマザキのパンは買ってきてしばらく放っておいてもカビが生えない。それとは異なり、自分の家で化学物質を使わずに焼いたパンはすぐにカビが生える。したがって、ヤマザキのパンには、なにか身体によくない添加物が使われているので、安全ではない。」というものである。発端は、科学ジャーナリスト渡辺雄二が二〇〇八年に出版した『ヤマザキパンはなぜカビないか―誰も書かない食品＆添加物の秘密』という書物と言われている。出版元の緑風出版の説明による書物の概要は、以下のとおりである。

「ありとあらゆる加工食品には多種多様な食品添加物が使われている。問題のある食品添加物を使った製品も少なくない。例えば、ヤマザキはパンに臭素酸カリウムという添加物を使っていますが、これは発ガン性がある。(中略)本書ではこうした食品や添加物を一つ一つ取り上げ、消費者の視点から問題点をあらって、食品表示の見方から添加物の危険性をやさしく解説する。」(緑風出版ＨＰ)

しかしながら、常識的に考えると、無菌状態で作られる市販のパンとは違い、様々な微生物の存在する家庭の台所で作ったパンがすぐにカビが生えるのは、当たり前のことと言える。食品添加物を過敏に気にする人の目には、自分の家の台所のカビの胞子などは見えていないのかも知れない。

生物が成長する(この場合、カビが発生する)ためには、その生殖質(カビの胞子)が健全な形で存在し、成長の条件(水分や温度など)が整わなければならない。したがって、食品会社は、この二つの条件を満たさないように、滅菌状態を作り出し、低温や無酸素状態で保管する。一般家庭の台所や、小規模な街のパン屋さんではこのような条件を作り出すことはむつかしく、結果として、カビの生えやすいパンができるわけである。これを、製パン会社が、有害物質を使用しているからと誘導するのは、科学的ではない議論であろう。

長村(2009)は

「〃しかし、摂取する添加物の量が少なければ影響ないといえるのでしょうか。大量投与によって、動物が死亡したり、がんになったり、臓器が機能しなくなるというのはかなり強い毒性をもつということです。〃と言った一文が(渡辺の文章に：筆者加筆)ある。毒性学には「どんな化合物も、それが毒物になるかならないかはその量に依存する」という基本的概念がある。すなわち、食塩、酢、醤油と言ったような身近な調味料でさえ、量が過ぎれば死に至る毒物である。そして、世の中のほとんどの毒物には、ある量以下になると全く作用が現れない濃度がある。」と論じている。

これも、多少の化学や生物の知識があれば、理解できる内容であろう。農薬を原液のままで飲んだら危険だから使用すべきではないという考え方と共通して、大量に使用した化学物質に発がん性が認められるから、使用は悪であるという誘導はあまりにも短絡的であろう。微量でも継続的摂取に問題があるとすれば、極端な話としては食塩や酢、醤油も使えなくなってしまう。このあたりは、リスクに対する直観と常識の問題とも言える。長村(2009)も、このような誘導のより深刻な危険性を次のように述べている。

「感情にそぐわないというだけの理由で科学的な問題を全て排除することが、自分らしい生き方として一つの美学的あり方のように論ぜられるときがある。それが個人の哲学の中に納まっているのならば、それはそれで良い。しかし、その考えが権威あるひとから一般大衆に押し付けられ、群衆の声となるときはまさに、ガリレオの裁判である。」

なお、本節の最初に紹介した『ヤマザキパンはなぜカビないか―誰も書かない食品&添加物の秘密』は、二〇一五年に改訂版が出版されているが、出版社はその宣伝文として次のように述べている。

「山崎製パンは、臭素酸カリウムを添加物として用いてきました。臭素酸カリウムは発がん性物質で国際的には食品への使用が禁止されているにもかかわらず、厚生労働省の基準の範囲で食パンなどに小麦粉改良剤として使用していたのです。本書旧版の指摘により、著者を交えた消費者と山崎製パンとの議論を経て、同社はその使用を取りやめる決断をしました。本書増補改訂版は、その顛末をまとめながら、改めて誰も書かない食品&添加物の問題点を取り上げます。」（緑風出版社ＨＰ）

この説明で気になるのは、「国際的に禁止」という表現である。一般的な読者は、これを読むと、それが唯一国際的に認められた基準であるかのような錯覚に陥る危険性がある。出版社も営利企業であり、明らかな虚偽でない限り一定の広告は許されるであろうが、読者のほうに情報を正確に理解する背景がない場合には、危険なメッセージとも考えられる。

現在、山崎製パンは、自社のＷＥＢサイトに「パンのカビ発生メカニズムと保存試験の結果について」というページを用意し、企業として、食の安全に対する社会的な要請に対応している。

松永(2010)は、この象徴的な事象を含めた食の安全と安心に関する消費者の態度を解説し、科学的根拠に基づく安全ではなく、心情による安心を満たすために資源の無駄が増え環境に負荷がかかっていると述べている。環境にやさしい、という優しい言葉でいいことをしているつもりの人たちが、環境破壊を助長している可能性を指摘しており、正確な知識に基づかない一見善意に見える行動が社会の持続性にネガティブに働く社会現象は、後に述べるフードファディズムとも共通して興味深い。

ヤマザキパンの例は、科学技術で取り扱える範囲内においては、丁寧な説明をしており、食べる人が、科学技術の方法論を受け入れ、実験結果の解釈を信じる限りにおいては、安全性は充分に担保されている。ただし、繰り返しになるが、安心は科学技術によってのみでは確保しようがなく、その点は2章以降の議論に譲りたい。

第2節　遺伝子組換えをめぐる議論

次に、食と農に関する安全・安心の議論で注目されている遺伝子組換え作物（以下ＧＭＯと略す場合がある）について説明する。「日本人は世界中でもっとも遺伝子組換え食品が好き」という言説を聞くと、読者はどのように感じられるであろうか。

日本人の主食はコメと言われているが、日本で毎年消費される穀物はコメの八〇〇万トンに対して、トウモロコシの消費量は一六〇〇万トンに達し、私たちのエネルギー源が圧倒的にトウモロコシに依存している現実がある。なぜ大量に使用されているトウモロコシの存在に一般の消費者が気づかない事態が起こるのだろうか。トウモロコシはそのまま穀物として人間の口に入るわけではなく、家畜のえさとして使用されたり、様々な食品の原料として使用されたりするため、一般の消費者は日常的にトウモロコシを消費していることに気づかないからである。清涼飲料の甘味料として使われる異性化糖はトウモロコシを材料にして作られており、発泡酒に使う発酵原料もトウモロコシである。そのトウモロコシの90％以上は遺伝子組換え技術を使用した種子を用いて生産されていると言われている。また、日本で多く消費されている大豆の九割近くは輸入に頼っており、その輸入元アメリカで栽培される大豆のうち約九割は遺伝子組換えである。日本に住んでいる人たちは、飼料や加工品などを通じて日常的に遺伝子組換え食品を食べているわけである。ＧＭＯの輸入が止まると食肉や卵はもちろんのこと、スーパーなどの店頭から加工品を含む多くの食品が消えることになり、生活に大きな影響が出る。

実際、畜産業は深刻な窮地に追い込まれる。国産牛肉の生産に使用される飼料の主原料はトウモロコシや大豆であり、遺伝子組換えのトウモロコシや大豆がなくなれば、飼料の調達が困難になり畜産業を続けられなくなる。国産の飼料だけでは、日本の畜産業を支えるのに充分ではなく、国産の牛肉や豚肉を食べようとすればするほど、飼料となる遺伝子組換えトウモロコシや遺伝子組換え大豆をたくさん輸入する事態となる。遺伝子組換えがなんとなく健康に悪い、環境に悪いと考える消費者は多いが、実際には日本人の多くは遺伝子組換え由来の食物を日常的に摂取し、ほとんど気にしていない。本節では、このような事象が起こるメカニズムについて説明する。

平川（2005）は、遺伝子組換え作物の社会的リスクをめぐる議論のフレーミング前提を三つの二項対立に分類している（**表1**参照）。すなわち、「社会にとって何が重大な脅威か」「科学的であるとはどういうことか」「意思決定はどのように行うべきか」という問いに対する立ち位置である。利用技術を持つ企業及びアメリカ等の政府は遺伝子組換え推進を図ろうとするが、生態系へのリスクの大きさなども重視するＥＵ諸国や市民組織は反対してきた。なに

表１　遺伝子組換え作物に関する論争と予防原則との関係

	予防原則否定派	予防原則肯定派
社会的重要価値	制限による企業・食料輸出国の損失回避 生産主義農業を支持	輸入国・中小規模生産者の損失回避 生産主義農業に批判的
科学モデル	確実性・普遍性・価値中立・自然科学偏重（固い科学）	不確実性・個別／特殊／多様性・適応性・学際性重視（柔らかい科学）
意思決定モデル	予測可能性を重視	柔軟性・多様性を重視

平川秀幸（2005）をもとに、筆者作成
注：予防原則についての詳しい説明は 38 ページ参照

を社会経済的配慮として重視するかが社会によって異なるため、科学技術に対する評価及び意思決定が変わるわけである。また、食料輸出国では、モノカルチャー・工業化・経済効率優先の生産主義農業が政府によっても国民によっても支持され、結果として遺伝子組換え作物推進へとつながる。科学に関する評価も、科学による評価こそが客観的・普遍的とする立場は、社会的考慮の必要性を説く立場を、科学的な決定プロセスに支障をきたす可能性があると批判する。意思決定に関しても、科学的客観性に基づいて意思決定ができるという立場と、多様な社会的関心事や社会的アクターとのかかわりの中で交渉され、個別の状況への適応を目指す考えの対立がみられると説明する。

筆者は、上記のフレーミングの対立に加えて、生命機械論と生気論の対立フレームを加えることが、事態の理解をより深めると考える。

遺伝子組換え作物由来の食べものが蔓延しながらも、これらの安全性に関する議論が日本で盛んであるのは、食の安全という身近な問題と直結していることが第一の要因であろう。さらに、これまでの議論の中で、組換え技術が食料問題の解決に本当に結びつくのか、遺伝資源がＧＭＯを生み出した多国籍企業にコントロールされていいのか、そもそも作物や食べものが自然であるとはどういうことなのか、など、問題の多義性も様々な議論を誘発してきたと考えられる。さらに、科学の不定性が、明示的ではなくとも、ある程度社会に共有されてきたこともう一つの大きな要因と考えられる。（尾内 2017）

ＧＭＯに反対するアクターが引用する論文に、ジル‐エリック セラリーニ（Gilles-Éric Séralini）らにより Food and Chemical Toxicology 誌に発表された論文がある。除草剤ラウンドアップとその除草剤に耐性を持つ遺伝子組換えトウモロコシをラットに二年間与え続けると腫瘍が形成されたと、大きな腫瘍が形成されたラットの写真とともに発表したため、社会に大きな衝撃を与えた論文である。

二〇一三年、この論文を掲載した学術誌は、「再検討の結果、論文の結論は不完全であり同誌に掲載する論文の水準に達していなかった」と発表して、この論文は雑誌から削除された。バイテク情報普及会（ＷＥＢサイト参照）は、この論文が取り下げられるプロセスでの議論を、

- 実験に用いられたラットはそもそも腫瘍が非常に発生しやすい系統である。各群の個体数が少なく、統計的に有意な結論を導くには不十分（通常は雌雄各50匹必要なところ、雌雄各10匹しか使用していない）。
- ＧＭトウモロコシ摂取群が三群（餌中のＧＭトウモロコシの割合が11、22、33％）であるのに対し、対照の非ＧＭトウモロコシ摂取群は一群（餌中の非ＧＭトウモロコシの割合が33％）であり、対照グループ間で適切な比較ができない。
- ＧＭ摂取率と腫瘍発生率に用量依存関係が無く、そもそもラットの摂食量が明示されていない。また対照群にも多くの腫瘍が発生しており、因果関係を適切に推定できない。
- 測定されたデータすべてを報告しておらず、選り好みしたデータを統計解析に用いている。

などと丁寧に科学実験手法の問題点を紹介している。通常の実験科学の観点からごく当然の指摘である。なお、このセラリーニ論文はその後二〇一四年に、オープンアクセスジャーナルの Environmental Sciences Europe 誌に掲載され、GMO反対論を支える科学的根拠の一つとされている。一般に科学研究の世界では、その分野の他の研究者によるレヴューを経た論文のみが正式なものと認められるため、この論文の信頼性は科学研究の世界では低いと考えられる。この議論においては、GMO推進側も反対側も、同じフレーミングである「実験的手法の普遍性」の概念を受け入れており、科学技術社会論が提唱する科学の不定性や科学技術コミュニケーションの枠組みを導入する努力は充分とは言えない。このようなアプローチで賛成反対の議論を続けることの先に社会的意味のある決定は見えてこないことに、どちらの陣営も気づこうとしない。さらに言うと、特に市民運動側が気づいていても運動そのものの継続に意義を認め、運動が終了してしまうような、問題が解決してしまった社会をイメージできない・しようとしないことにも問題があるのではないだろうか。

ところで、GMOに反対する人たちは、「遺伝子組換え作物が自然ではない」という言説を用いるが、この言説の根拠について、生命機械論と生気論という概念を紹介することを通じて、少し議論を深めたい。

機械論は生命を複雑な機械とみなし、生命現象は要素に分解可能であり、要素の力学的因果関係で説明が可能と考える。すなわち、生命現象も物理化学的に説明が可能であると考えている。他方、生気論は、生物には機械論での類推では説明できない固有性があると考える。ある意味では、生気論の考え方があったことが、生物学がそれまでにあった物理学や化学から独立した学問分野の創出を導いたわけであるので、生気論は必ずしも中世以前の神秘主義的な考えに基づいているわけではない。

一九六〇年代に遺伝現象を分子レベルで理解できるようになり、生命現象の普遍的なメカニズムが物理化学的に明らかにされたかに見えた。このことは、生命への技術的介入・生命操作に対する倫理的障壁が低くなる事態を生み出した。そもそも、機械論・還元主義は、西欧近代科学技術の前提となっており、一般的に生気論や目的論を非科学的（前近代的）とみなしてきた。

生気論は、生命の固有性を主張し、機械論へのロマン主義的反発と理解される。生物の内面にある生命の固有性として、生命の本質は自己を自ら形成すること（＝自律性＝自然も人間と同様に自律性を持つ）と考え、「自然の中に自分を見て、自分の中に自然を見る」「共感を抱く科学者は、自然現象の中に生命と心と意味を見出す」ことを特徴とした（大塚 2014）。生命について考えることは自分について考えることになる生気論者は、自分の中に自然があるから、要素に分解しなくても、生命とはなにかがわかると考えている。機械論に基づく物理化学的な還元を避けるべきという批判的指標を持ち、生命への信頼という視点から、生命への技術的介入を批判する。しかしながら、病害虫抵抗性・除草剤耐性の遺伝子組換えが、化学農薬に対する批判に対応した化学物質使用を減らす生物学的対応であるとしたら、生気論が準備した（促した）技術ともいえる。結果的に、生気論も実は遺伝子組換えを促進していることが示唆されるという矛盾ないし悲劇（喜劇）が起こっている。

一般に生気論を受け入れる人たちが自然を重視し、人間自身も世界を作り上げている有機的なシステムの一部であることから、人為的に生命操作を行う遺伝子組換えは、そのシステムのバランスを破壊する危険性を孕んでいることを理由に反対するという単純な見解もある。たしかに、機械論者は、生命に対する観察者としての距離感を持ちやすく、物質に過ぎない他者としての生命体をコントロールすることが容易となる。機械論者は、生命に不完全な部分を見出し、人為的に改変しようとするが、その不完全性は、あくまでも、人間の目的や価値によって不完全とみなされるのである。これは、自然の中に存在するただの虫と害虫を区別する際に、人間にとって有害かどうかという一定の目的の枠組みで分類していることと同様である。そういう意味では、遺伝子組換え作物は機械論の産物と言えるかもしれない。

いくらこのような科学論を続けても、なぜＧＭＯが必要なのか、その便益は何か、遺伝子組換え作物由来の食品は安全か、などという一般市民の抱く疑問に科学的知識だけでは答えられないという結論になってしまう。

第3節　種子について

いよいよ厄介なテーマである種子についての議論を始めたい。四〇年近くにわたって、「種子のシステム」（作物の種子の生産・保存・流通・販売・調達などの一連の行為とその行為を担保する組織制度）の研究を手掛けてきたが、正直に言って自分の研究内容や意義が社会に広く認知されているとは考えていない。この本をここまで読み進めて下さった方も、「種子のシステム」と聞いて、頭の中に大きな疑問符がわいたか、自分には関係のない、興味のないテーマの本だなと感じた方が大多数だと思う。それを充分わかったうえで、まえがきから議論を少し深める形で、いま日本国内で問題となっている種子の議論を紹介したい。

ここで「社会」と述べたが、これは決して市民社会だけを意味するのではなく、学界・学会も含んでいる。一九九〇年代に学会で「種子のシステム」についての報告を行うと、「経済学部でどうしてそのような研究をするのですか？」と質問され、生物多様性条約の締約国会議が名古屋で開催されたときもジャーナリストから、「なぜ種子の多様性が必要なのか、あなたの説明からはよくわからない。」と苦情を言われてきた。日常的に種子を使って作物を育てておられる農家の方たちからは、「学者さんの考えることは現実離れしていますね。」と笑われた。特に、筆者が研究してきたのは、作物の種子と農家・農民との相互関係のノンフォーマルなシステム（暗黙の制度としては存在するが、成文化したルールがあるわけでもなく、また政府等の公的制度によって担保されているものでもない）であり、本人は公共政策や社会学の視点からとても面白いテーマだと信じていたのに、日本では相手にされてこなかった。ここで、詳しくは触れないが、国際的には、アメリカのウイスコンシン州立大学やオランダのワーヘニンゲン大学に集積がみられ、特に開発途上国の農業や栄養支援では多くの研究が蓄積されている。

ところが、二〇一七年二月以降少し事態に変化が起きた。第一九三国会に「主要農作物種子法（以下種子法）廃止法案」が提出されたことがきっかけである。それまで、種子のことなどほとんど取り上げたことのないマスコミも市民団体もこぞって「種子」について語りだし、種子に関する制度だけではなく、生物学的な側面も含めて多くの人々の注目を浴びるようになった。この時廃止が決まった種子法は、日本に住む人たちにとって重要な食物である稲・麦・大豆の種子の供給を国が関与して都道府県の責任において行うという目的を持つもので、制度的には日本のフォーマルな「種子のシステム」の根幹を構築していた重要なものである。重要なものと言っても、一般に、私たちは日々の生活の中でフォーマルな制度を構築している法律の大半を全く知らないで過ごしているだろう。知らなくても、その法律に直接関係する直接の当事者たちがその法律を知り、適切に運用している限り、私たちの生活は日々なんの支障もなく行われるからである。種子法もそのような法律の一つであった。日本の主要作物と考えられる稲を栽培する農家でさえ、この法律を知っている人はほとんどなかった。

さらに、二〇一八年以降、名前は似ているが扱っている内容はまったく異なる「種苗法」の改正（反対する人たちの語りでは、改悪）が行政・立法の場で本格的に議論されるようになり、二〇二〇年第一九六国会に改正案が提出され一度継続審議となったが、続く臨時国会で採択された。種苗法は、作物の新しい品種（たとえば、いちごの「あまおう」「とちおとめ」やぶどうの「シャインマスカット」など）を育成（育種と呼ばれる）した者に知的財産権を認める法律である。この制度によって、開発された品種は農林水産省に登録され（品種登録という）、この品種の種子を購入したものが開発者の許諾なしにその種苗（種子やイモなどの作物の世代を繋ぐもの＝生殖質）を増殖することを制限している。この文章を読んで、多くの読者は再度目が点になっていると思う。それが普通の反応で、この法律の影響を直接受けている人は、日本に住んでいる人のごくごく一部と考えられる。にもかかわらず、二〇一七年を境に、農業や食、消費者運動に関するものだけではなく、貿易や人権・南北問題・民主主義などに関する研究会や研修会・セミナーでも種子に関するテーマが多く取り上げられるようになった。

政策決定に様々なアクターが立法府や行政府に影響を行使するロビーイングは民主主義において重要な行動である。しかしながら、それぞれの分野の専門家である官僚に対して説得的な意見を述べるためには、一定程度の正確な科学的情報と、対象とする法や制度に関する社会的な文脈を理解する必要がある。昨今の種子法・種苗法に関連した市民運動の発言には、単なるイデオロギーの主張にとどまり、背景となる社会の実態や法律文書の文言から外れた内容も少なからずある。日本のように、法律のほとんどが政治家である議員提案ではなく、行政府である省庁から発案される国においては、専門性の高い官僚によって準備された法改正や制度改定に対する提案を行うには、提案する側が自分の見ている世界を一定程度客観化することが必要である。

ところで、そもそも種子(しゅし/タネ)とは、なにかを説明しておく必要があろう。種子を生物学的に説明すると、種子植物のライフサイクルの中で最も活性が低く、比較的かさの小さいステージと説明される。作物を育てる農業において、種子は土地や水と並んで不可欠な投入物である。ただ、この種子という言葉は、主に自然科学分野や政策用語として使われ、農家では種(タネ)と呼んでいる。農家で「畑に種子(しゅし)を播く」と言う人はまずいない。しかし、大学の農学部に行くと種子と言うし、農林水産省の中で話をするときは種子の生産という話になる。基本的には同じものだが、使う人の立場や思いによって言葉が異なるというのも興味深い。

作物の種子の流通に関しては、日本種苗協会という団体がある。一九八〇年ぐらいまでは、加盟している種屋さんが二五〇〇近くあったが、二〇一九年には一五〇〇を切り、さらに減ってきている。農家の人たちが種子を買う場合、どこから買うかという選択肢も、日本の国内だけでも減ってきている。この傾向は、海外も同じで、種苗企業の数は大幅に減っており、購入する立場からは種子の選択肢は非常に少なくなっているのが現状である。

しかし、実際に農家は種子を買っているのだろうか。最近はホームセンターなどで家庭菜園用に野菜の種子が売られており、専業農家も種子は買うものだと思っている方がほとんどだろう。しかし、ほんの三〇年ほど前までは、特に自家用の野菜などは、種子は自分たちで採るものだった。

次に、作物の品種とはどのようなものだろうか。品種の生物学的または農学的定義は、「作物や家畜の種類を、農業上の特性の差によって分類した単位」である。また植物の新品種の保護に関する国際条約では、品種とは「一定の遺伝子型またはその組み合わせで発現する特性によって規定され、少なくとも一つの特性によってほかと区別され、その繁殖様式によって特性が安定して保たれる」と規定されている。すなわち、ある品種がほかの品種と比べて、例えば色が違うとか、収穫時期が一〇日間ずれるということが明確に証明できて、それが安定しているのであれば新しい品種として規定することができる。

ところが社会・文化的定義、つまり農家の目線から言えば、品種とは「地域の狭い風土の気象・土壌条件の下で育まれ、そこに適地を見出した遺伝子型を持ち、適地が極めて限られたもの」となる（管 1987）。極端な話をすると、自分の畑に合っているのが自分の所の品種だとも言える。これは、法律や政策の中では明示されることは難しい。生物学的に隣の農家あるいは他県の農家が作っているものと違うものとして分類できるかという考え方ではなくて、例えば、愛知県の豊田なら豊田のある集落の土地に合っているものが品種として理解される。従って、品種の中にも変異が起こり、何重にも多様性が保全される仕組みができる。さらに、作物の特性は栽培された地域・風土・生活・習慣と密接に結び付いているため、人間の口に入るところまでを議論する必要がある。品種―栽培―食物という連鎖が非常に重要になってくるのだが、一対一の関係ではないため、一人一人の消費者＝食べる人がこれを認識するのは難しい。

ここで、「種苗法」「種子法」という単語をインターネットの検索サイトでぜひ見てほしい。「種苗法で自家採種はどう変わる？」という解説的なものも多いが、「種苗法があぶない―印鑰智哉のブログ」「農家の自家増殖、原則禁止」に異議あり！」などという反対表明をするサイトが何百何千とヒットする。これまで、マスコミも一般市民もほとんど相手にしてこなかった「種子のシステム」に関して、突然多くの利害関係者・当事者が現れ、一般市民が種子のことに興味を持ち語りだしたのである。

筆者は、種子に関する議論が錯綜している理由の一つとして、種子を取り巻く知識の創出と流布に、何か根本的な問題（というよりは、欠陥・欠落）があるのではないかと感じている。ただ、上でも述べたように、種子に関する問題は基本的に大多数の一般市民にとって、視野の中にない事象であった。本書で紹介する重要概念である「環世界」から見て、種子というものは存在してこなかったわけである。ただ、それは単純に、種子と私たちの日常生活の関係に気づいてこなかったことが理由であり、重要なことではないことを意味しない。実際、私たちが毎日食べているパンの元になる小麦や、チョコレートの原料であるカカオ、豆腐・味噌・醤油の原料である大豆などはすべて種子からできている。ただ、その種子を実際に手に取ったことのある人はほとんどないと思う。しかし、繰り返しになるが、種子が安定的に供給されなければ、私たちの食は存在せず、安心・安全の議論は、そもそも始まらないと言える。しかし、そのことに気づいている人は多くはない。

第1章では、種子について考えることの重要性を理解する入り口として、種子を用いて生産された作物を使ってできている身近な食品の安全・安心に関する議論から始めた。農耕を始めた人間は、最初は生産と調理、消費を同じ人間・世帯やコミュニティで完結させていた。そのころは、自分が何を食べているかを承知していたので、食べているものに対する安全・安心という疑問は起こらなかった。（もちろん、植物自身の持つ毒性や、劣悪な保存状態からくる食物の劣化には常に晒されていた。）近代化の進む中で、食物の生産者と消費者が分業化するとともに、多様で複雑な加工や輸送過程が加わることによって、消費者はその食に対する不安を抱く可能性を増大させていったと考えられる。私たちが食べているものがどのように作られ、流通し、食べるところまで来るかを分析するフードシステムの考え方を参照しつつ、私たちが食べものを選ぶ基準の曖昧さを知ること、特にすべての食べものの根源である作物の種子に対する理解の曖昧さを明らかにすることを通して、食と農に関する知識がどのように生産され、流布し消費されているのかについて考えていきたい。

第４節　フードファディズムと科学技術信仰の問題点

1節、2節では、私たちが日ごろ食べている身近なパンとトウモロコシを事例に、科学的な分析や評価について十分な理解がなされていないことによる混乱について説明してきた。3節では、すべての食べものの元になる作物の種子に関する昨今の混乱を紹介した。そこで、本節では、1節・2節の事例が示した問題点について、フードファディズム（英：food faddism）という考え方を参照して、解説する。

フードファディズムとは、食べものや栄養が健康と病気に与える影響を、熱狂的、あるいは過大に信じること、科学が立証したことに関係なく食べものや栄養が与える影響を過大に評価することである。例えば、マスコミで流されたり書籍・雑誌に書かれている「この食品を摂取すると健康になる」「この食品を口にすると病気になる」「あの種の食品は体に悪い」などというような情報を信じて、バランスを欠いた偏執的で異常な食行動をとることが含まれる。日本にフードファディズムの概念を紹介した人は、食品安全委員会リスクコミュニケーション専門調査会専門委員である群馬大学教授の髙橋久仁子で、一九九八年頃のことであった。

髙橋（2016: 214-218）は、フードファディスムを⑴健康への好影響を騙（かた）る食品の大流行、⑵量の無視、⑶食品に対する期待や不安の扇動、に分類している。ヤマザキパンや遺伝子組換えの議論の混乱はこのなかの⑵⑶にあてはまる。ごく微量に存在する有害物質をどう扱うかは注意深く扱う必要があり、ある程度科学的に量的な知見のあるものに関して、有害物質の存在だけで完全に排除するのは現実的ではない。「自然・天然」「植物性」などをよいもの、「人工」「動物性」などを悪いものと決めつけることの問題が指摘されている。農薬・化学肥料使用やインスタント・冷凍食品など加工度・精製度の高い食品への嫌悪という個人が持つ「環世界」に根ざした判断基準を強く他者に押し付けるような行為も類似していると考えられる。髙橋自身は、(1)を社会科学の問題、(2)(3)をニセ科学と評価しているが、このような議論の多くは、個人の主義主張によって礼賛・敵視する内容・対象が異なっており、対話が難しい部分である。次章で詳しく議論するが、昨今の種子に関する議論でも、(2)(3)の視角が社会的な側面にも拡張され、無用な混乱を招いていると筆者は危惧している。

髙橋によると、フードファディズムに陥らないようにする方法、解決策は、食と健康に対するしっかりとした知識を身に着けることである。食事や栄養の影響を検証する唯一の方法は科学的研究による立証であるため、研究にも再現性や客観性が求められ、また結果の偏りを最小にする被験者が多い研究や、偏見的な見方を排除するための二重盲検法のような方法をとっているかということも重要であるとされる。

佐藤 (2011: 47) は、実証的研究として、「高齢になるほど肉類は控えた方がよい」という考え、および「高脂血症患者は卵を食べない方がよい」という考えについてどう思うかを調査した。その結果、いずれも「全くそうだ」と考えている人の割合は、高齢になるほど多くなる傾向がみられ、食べ物の栄養や健康への影響を科学的根拠も確認せずに過大に信じるフードファディズムは高齢になるほど多くなりやすいと考えられる。」ことを示している。

たしかに、一般に流布している言説には多くの問題もある。加工品や食品添加物の摂取、果ては遺伝子組換え食品の利用によって、日本人の癌が増えたという言説が流布している。しかしながら、癌は年齢が上がると罹患率が上がるため、癌で死ねるほど日本人が長生きになったという解釈も成り立つ。癌の原因として最も多いとされている遺伝子の変異は生まれたときから存在し、多くの場合免疫作用等で修復されるため、異常な細胞の増殖は抑えられているが、加齢によってその機能の低下がみられるからである。むしろ胃がんや肝臓がんの治療方法の進歩がつづき死亡率は減っていることが知られている。因果関係と相関関係の区別を知ることも大切であろう。

ほかに人工のものは危険で自然・天然は安全という誤った思い込みも多い。長い歴史の中で利用されてきたものの危険性は十分に認知され検証されているために、遺伝子組換え作物と比較して未知の危険性が近い将来発見される可能性が高くないというのが正しい解釈であろうが、そのようには考えず、自然・天然が人工よりもいいと単純に判断されてしまう。自然のものの危険性で昔から知られているものにフグの毒があるし、最近は蜂蜜を乳児に与えてはいけないことも周知されるようになってきた。野菜や果物、お漬物などによる食中毒も急性毒性としては見逃せない。筆者にとってショックだったのは、お米に含まれるヒ素の過剰摂取を防ぐために、スウェーデンでは、子供には週四回以上の米及び米由来食品の摂取をしないように注意喚起をしている（松永 2017: 209）ということを知ったことである。無機ヒ素の摂取が癌のリスクを上げることはまだ科学的に確立した知見にはなっていないようだが、のちの述べる予防原則を考えると、欧米で認識されていることを知っておきたい。

また、日本の農産物は安全だが、輸入品は危険だということもよく話されるが、一般に国際流通している農産物にはＧＡＰ（Good Agricultural Practice）という制度が導入されており、だれがどこでどのように栽培したか（農薬の使用内容・時期等も含む）などが記録・明示されており、この制度が充分に普及していない国内産農産物と較べて安全性は低くないと言える。二〇二〇年に予定されていた東京オリンピックでは、日本産農産物から作られた食材の安全性が信頼できないため、自分たちの国の選手団には日本国外から食材を調達したいという意見も見られた。日本は国際的にみて農薬の使用量が多いことで知られているが、日本の高温多湿な気候、野菜や果物などの作目、栄養素だけでなく見栄えを重視する市場の要求など多様な条件、残留性までを含めた議論が必要である。加工度が少ない食品を生産しているために、かえって見た目の良い商品が要求され、結果的に農薬使用量が増えざるを得ない実態もある。

松永（2017: 288-295）は、日本人が食生活で気を付けるべき最大の課題は、食塩の摂取量であると述べている。二〇一四年の調査では日本人は毎日平均男性一〇・九グラム、女性九・二グラム摂取しており、一九五〇年代から半減しているが世界保健機関（ＷＨＯ）の推奨量五グラムの二倍前後となっている。そのようななかでも、厚生労働省は目標量を男性八グラム女性七グラムに設定しており、現実離れした目標設定はかえって実現性に乏しいという考え方もあり（松永 2017: 290）、農薬などについても、このような総合的な見方も必要であろう。

一般市民がどのように健康ニュースを読むことがいいのかの一例として、松永（2017: 320-328）は、イギリスの政府機関「国民健康保険サービス」の「健康ニュースの読み方解き方（How to read health news）」を紹介している。具体的には、⑴記事が科学調査に基づいているか、⑵記事が学会の要旨集を基にしていないか、⑶調査研究は人が対象か、⑷何人が対象か、⑸対照群が設定されているか、⑹記事の主張が本当に研究されたのか、⑺だれが研究費を払ったのか、などを指摘している。読者自身が、本書１章のヤマザキパンや遺伝子組換え食品に関する研究内容の引用を確認してほしい。

しかし、まだ答えられていない問いがある。それは、安全の基準値が信頼できると私たちはどのようにして知ることが出来るのであろうか。福島の原子力発電所の事故が起こったときに、政府発表が「現在は基準値以下であるので、安全です。」と繰り返されて、安全だと納得した国民がどれだけいるだろうか。安全の基準を決めている値は、ゼロリスクを意味するわけではないことを知っておく必要がある。その基準値は、もちろん、多くの場合、疫学データや実験によって得られたデータを基にしている。しかし、この基準値は、その適用される社会の文脈によって決められる部分も大きく、その社会の人々が受けとめられる限界を考慮して決められている。しかし、村上(2014)らも指摘している通り、日本では、この「(日本の社会において)受け入れられないリスクの水準はどれくらいか」という議論はほとんどない。したがって、それぞれの立場にある人が、それぞれの視点で、安全を語ることが許されてしまう。安心の問題になると問題はさらに多様性と複雑さを増す。

2 科学だけでは解けない社会の課題をどう理解するか

1章で紹介したように、添加物や遺伝子組換え作物の是非を巡る論争は自然科学の知識だけで理解できるものではなく、より広範な知識の創出と利用が要請される。その際に、誰（どのような立場にある人や経験を持つ人）が、どのような知識を、何を目的として利用するかを見定めることが、その知識を各自のものにする際に注意すべきである。久野（2017）は、遺伝子組換え作物を正当化する言説がどのように形成されてきたかを政治経済学の視角から分析した論考で、言説を分析する作業が社会科学に課せられた重要な使命であると述べている。それは、「利用する理論や方法論も含め、言語で表現されるアイデア・概念・カテゴリー化の背後に隠された社会的諸関係を析出する作業」であり、「問題を見定め、その原因を診断し、道徳的（価値規範的）判断を下し、それにもとづいて解決策を提示するという一連のプロセス」の際にフレーミング（問題の切り出し方の方法・視座の選択など）が行われていることを指摘している。遺伝子組換え作物をはじめとして食物や農業のような自然から社会まで多くの条件を意識しないと扱うことのできない問題は、重層的・広範であり、多様なフレーミングが存在しうる。食品安全性を強調する視角や、科学技術の方法論を信頼して社会的文脈を切り離す立場も、そもそも歴史的・構造的背景を含めたより広い視点から批判的に評価しようとする久野自身の接近方法も一つのフレーミングと説明している。

そこで、本章では、遺伝子組換え作物や、より一般的には原子力利用の問題等で蓄積されているフレーミングの一つである科学技術社会論について紹介したい。

第1節　科学技術社会論の出自と概要

科学技術社会論とは、文字通り、科学と社会の関係についての言説を構築していく枠組みである。歴史的には、科学者集団自身による社会とのかかわりに関する反省から始まった。藤垣（2018: 4-6）によると、米国における科学者の社会的責任論の歴史的経過は、科学の非軍事化と民主的コントロールを意識した第二次世界大戦直後の原爆投下に始まる責任の認識、レイチェル・カーソンの『沈黙の春』に代表される環境汚染問題が顕著になったことによる科学内部にある問題の認識、研究不正との関係で科学研究の成果だけではなくそのプロセス及び税金の投入対象としての説明責任の認識の三つのフェーズからなることを紹介している（藤垣 2018: 8）。

社会的責任で問われる中身の分類では、科学活動の品質の問題、責任ある生産物、社会に対する応答責任の三つの側面に整理している。活動の品質の問題は、「一見わかりやすい説明が流通していても、それに反するいくつかの知見があるときは、目先のわかりやすさや利益に心奪われることなく、探求を続けなくてはならない。」

といった行動原則にあらわされる。全米科学アカデミーなど科学者集団三団体が学生たちに配布した『科学者をめざす君たちへ』(On being a scientist) には、「科学そのものを特徴づけ、科学と社会との関係を特徴づけてきた高い「信頼性」こそ、今日の比類なき科学的生産力の時代をつくりだしてきたのである。」と述べ、その信頼性を保つために科学者コミュニティ内部の自ら律する必要性を説いている。

責任ある生産物とは、科学技術が作ってしまったもの／作ろうとしているものの社会に及ぼす影響についての責任である。原子爆弾の世界に対する影響や、遺伝子組換え技術の健康や生態系に対する影響などが代表的な課題である。遺伝子組換えに関しては、その技術が確立した二年後の一九七五年に、カリフォルニア州アシロマにおいて、潜在的リスクを懸念した研究者らが集まり、リスク管理に関する討論が行われている。藤垣は、品質の問題は研究者内部での議論が可能であるが、責任ある生産物の問題を議論するには、研究者共同体の閉鎖性に対する批判的視点も含めて、社会の利害関係者とともに息長く議論する必要を説いている。

社会または公共の問いに応える責任は、「研究成果がどのように社会に組み込まれるのか」という問いへの応答(社会的リテラシー)、「研究がどう役に立つのか」という問いへの応答(説明責任)、「それはどういう意味か」という問いへの説明(わかりやすく伝える責任)、「危険を抑えるにはどのような判断基準が必要か」という問いへの応答責任(意思決定に用いられる科学の責任)、「報道内容の科学的根拠は適正か」という問いへの応答責任(報道に用いられる科学の責任)などに分類している。(藤垣 2018: 13)

わかりやすく説明する責任とは、研究の実態と市民の持つ科学イメージとの間にある差異を認め、その責任がどこにあるかを議論するのも科学者の責任の一部とする考え方である。もし、市民に「科学はいつでも確実で厳密な答えを提供している」と考えるなら、実際の科学が、新しい知見によって書き換わることをどう知らせるかも重要である。この点は、現状では説明できないことに対する予防原則の考え方について科学者と市民の間でどのように共通の理解を持つかという問題に繋がる。

コミュニケーションにおいて、当事者が相手の背景などを十分考慮することなしにわかりやすさを追求しすぎると、報道などでしばしば見られる事実の歪曲や演出などにつながることがある。わかりやすさを追求するあまりに、伝達される情報量が減少してしまい、伝えようとする「概念の精度」が落ちる。同時に、比喩や対比が用いられることによって、情報が産出された(送り手の意識する)背景とは異なる(受け手の)日常の文脈が追加される。その意味で、メディア等に対する市民の批判力、疑う力も問題とされるだろう。ただし、このような情報伝達の問題のすべてを情報提供者側の責任にするのは、市民の側の受動性が強調されすぎているとも解釈できる。

科学の客観性を相対化するだけでなく、科学を体制化されたシステムと捉え、近代科学の要素還元主義や部分と全体の関係の捉えかたまで議論を広げることの重要性を説く科学者もいる(広重 1979: 22-25)。

予防原則という考え方

ここまで述べてきたような科学者の責任、科学者ができることと科学の社会への応用について実際的に社会で有用な概念として「予防原則」がある。これは、一九九二年にリオデジャネイロで開かれた環境と開発に関する国際連合会議(UNCED)の「原則15」にまとめられた概念で、「全くリスクがないと証明できないのであれば、技術を開発してはならない」(=強い警戒原則)と「科学的な確かさにかけるとしても、それ自体では対策を取らない理由にはならない」（＝弱い警戒原則）に分類されている（藤垣 2018: 40-42）。いずれにしても、科学の利用の結果に対する予見性が完全でない可能性があることを前提に、社会が科学を利用していく際の社会的枠組みの在り方と考えられる。たとえば、遺伝子組換え作物を忌避すべき理由として、ＥＵ諸国は、少なくとも弱い警戒原則を社会の合意事項として法制度などに適用している。

日本でも、公害行政が注目され始めた時期には、この予防原則が適用された先進的事例が存在する。厚生省（当時）は一九六八年には、四大公害病の一つとして知られているイタイイタイ病の原因としてカドミウムの可能性を指摘し、汚染源を神通川上流に存在した上岡鉱業所と断定している。初代公害課長の橋本（1998: 126-127）はこの判断を次のように述懐している。

「科学的不確かさは半分近く残っているが、すべてが明確になる見込みはまずないので、それを待ってから行政としての判断と対応をするのでは、水俣病を二度繰り返すような取り返しのない大失敗を繰り返す恐れがある。したがって、最善の科学的知見にもとづいて行政としての判断と今後の対応を宣言したものであり、科学的究明は今後も積極的に続けなければならない」

予防原則は、統計学における第二種の過誤（問題があるのに、ないという）を回避する考え方である。科学技術を信頼する研究者や技術者やそれを利用する行政や企業は、この過誤と比較して、問題がないのにあるとする過誤が引き起こす（特に経済的な）デメリットを強調しがちである。科学技術社会論の考え方に基づいて、科学技術の社会に対する責任の視点を明確にして、社会が科学技術を使いこなしていくには、

科学的不確かさが残っていても対応するシステム

同時並行して科学的究明を続けていくシステム
新知見が出てきたときの責任の分担システム
などを構築する必要がある。これを実現するには、まず自身がどのような視角で科学技術を評価しているかを認識し、その認識に基づく対象とする科学技術の評価を、直接利用者のみならずすべての利害関係者にとっての影響を踏まえて議論することが望まれるが、このような態度をすべての関係者が採ることは非常に難しい。

科学技術に基づく判断に対する市民の期待

科学技術をどう評価するかという問いを持った場合に、次に問われるのは、科学者集団が、特定の事象に関する科学的見解について統一した意見を持つことができるのかどうかという点である（藤垣 2018: 47-48）。これは、ユニークボイス（シングルボイス）と呼ばれ、高校までの教科書では多くの場合、このユニークボイスが紹介され、暗記することが強く勧められている。そのため、科学者集団が、集団内で様々な意見を持っていることに気づいていない市民も少なからず存在し、また、科学者にユニークボイスの知識を期待する市民も多い。しかし、公共的意思決定に対する科学者の助言がユニークボイス（一意に定まる）になるのか、ある程度の幅があるのが当然と考えるべきかは、科学技術を社会が受けとめて、法律や組織を含めたシステムを構築する際に、ステークホルダーが避けて通ることのできない問いである。

日本の例では、福島原発事故が記憶にある事例であろう。当時の日本政府が、非系統的知識を出し続けたとの評価もあった。ここで、系統的知識（organized knowledge）とは、完全な矛盾のない統一的見解ではなく、幅があっても偏りのない知識（＝最悪のシナリオからそれほど最悪でないシナリオまでを含む）であり、決して安全の強調のみに偏らない内容である。当時の日本学術会議は、原子力発電所の事故による影響に関して「専門家としての統一的見解を出すように」との意見を持っていた。確かに、科学者の責任として、幅のある情報を出して市民に判断を任せるのか、行動指針となる統一見解を出すのかは悩ましい問題である。市民を無用に混乱させるのが不安と考えた政府や専門家と、情報が偏っているのが不安・専門家が信用できないのが不安と考えた市民との間にギャップが広がったと考えられる。

シングルボイスは、中立でバランスが取れて偏りがないことが要求される。同時に実際には、学者の意見は違って当然だが、それが学界の外に出ていくときは統一であるべきとも要求される。言い換えると、学界・学会や審議会というような密室では参加者の意見が互いに違っていても、公式見解という形で社会に知識が普及する際には統一見解を出すべきという考え方である。その理由として、専門家の意見の対立が社会の対立になってはいけないとされている。藤垣は、科学者集団の側のこのような態度は、公衆が科学への幻想を持ち続けることにつながるのでは、という懸念を表明している。筆者も、科学者の側のこのような態度が、市民の知識に対するリテラシーの能力を弱めてしまう危険があると考えている。

災害と科学との関係では、今私たちはＣＯＶＩＤ－１９の問題に直面している。中国武漢市から広がったとされる新型ウィルスについては、世界中の科学者が研究を続けているが、必ずしもその感染の仕組みや重症化の要因、治療の方策について、統一的な見解は見られていない。そのなかで、私たちは、感染予防の行動について判断を迫られている。インフルエンザ等の経験から常識的な感染症予防を各自の判断で行うことで良いという人もいる一方で、政府が具体的な行動指針を提示するように求める人々もいる。政府の専門家委員会が、明確な指示を出さないことに不満を持つ人もいたが、筆者は、明確な指示が出せないということは、専門家委員会の構成員である科学者たちも解答を持ち合わせていないか、意見の集約ができない（シングルボイスにならない）状況であったと想像する。科学が、科学の問題にさえ、明確な答えを出すことが難しいことについては、次節でさらに詳しく論じる。なお、ウィルスは、すべての人を平等に襲うが、すべての人が同じ認識を持つわけではないことも、環世界の考え方で容易に説明できる。それでも、知恵を集約して、この人類の危機に対応していかなければならないことは、すべての人が合意できることであろう。

第2節　科学の不定性とコミュニケーション

繰り返しになるが、私たちの日々の生活が、科学に基づく予見性と、その知見を活用した技術に大きく依存していることから、科学をどう理解するかは、現代社会に生きる市民にとって避けられない問いかけである。遺伝子組換えや原子力発電のような、そのこと自体は科学技術の問題であっても、社会においての科学技術の適用の是非を含む評価を行うためには、狭義の科学技術が創出する知識や情報だけでは明確な答えが得られない事象も多い。平田（2017）は、社会の対立において、「非科学的だ、科学的根拠を示せ。」という非難の応酬の理由として、「科学的内容が不十分」「科学の使い方に問題」「データの改ざんなどの不正の存在」などの点もありうるが、科学が関わる問題で、科学的に充分に説得力のある結論が得られないことが数多くあることを指摘している。

このような問題は、トランスサイエンスと名づけられており、科学者ごとに正しいと思う答えが異なることもあるという。しかし、個人の命に関わる問題や、地球温暖化など社会や人類の持続に大きく影響する問いに対して、科学論争が終わるのを待っていては、間に合わない事態も社会には多く存在し、そのような「科学の不定性」に、一般市民がどう向き合うかは社会における知識創造と普及にとって大きな課題であろう。

平田（2017）によると、科学的法則や知識の信頼性は、その法則や知識が無数の反復によって一定の信頼に足る状況を達成していると考えられていること、その法則や知識が適応されうる条件（前提条件）が明らかにされていること（純粋状態と呼ばれる）、科学的知識は無数の経験を整理したものではなく、お互いに支えあう体系的知識であること、に依拠していると説明されている。

しかしながら、社会で起きている「科学的」問題には、法則があっても前提条件が成立しない場合、そもそも法則がない場合がある。たとえば、ある木の実を食べた人が腹痛を起こしたからと言って、その木の実が腹痛の原因とは言えないというのが、科学的立場である。しかしながら、もしそれが命に関わる事象であれば、その木の実を食べるか食べないかという判断は科学的根拠に基づいて行うことは可能であるのだろうか。

「一定量以下の被ばくでは健康障害は観察されていないから、帰還しない判断は個人の自由であるが、補償の対象にはならない」という政府側の主張と、「今後も無害であると証明せよ」という住民の主張は、科学的に解決できるものではない。「有害であることを証明せよ」と政府が主張することは、何を害とするかを決めないで議論できないし、ましてや測定不可能であるから科学的実験も不可能である。想定外という言説も、「マニュアルに従っている限り、責任は問われない」ことになり、科学の不定性を考慮すると極めて無責任につながる。ここで、ＥＵ諸国のように予防原則の適用が社会的にも制度的にも比較的受け入れられている文脈においては、科学技術的な安全・危険の証明がなされていなくても、一定の政策や事業の推進(あるいは中止・撤退)が可能であるが、日本のように、予防原則の考え方が必ずしも社会で受け入れられておらず、制度的にも確立していない社会においては、上で述べたような行き違いが繰り返される。科学が直接答えられない問いに対して、専門家によって意見が異なる事態は、価値観・利益・立場などが影響している可能性があり、専門家には科学的な判断と価値的な判断の区別が求められる。専門家の判断を求める側も、科学の不定性(専門家が答えられない問いが社会に存在すること)を充分に認識する必要がある。では、このような事態に関して、科学者と市民にはどのような対話が可能であろうか。

「科学コミュニケーション」という耳慣れない言葉が、一般の人々の目に留まったのは、二〇一七年度の大学入試センター試験国語の問題に、この分野のオピニオンリーダーである小林傳司のエッセイが出題されたことがきっかけと言ってよいであろう。

先に紹介した小林(2009)は、「科学コミュニケーション」を科学の専門家と素人である非専門家とのあいだのコミュニケーションという視点で議論を展開し、近年の科学論が描き出す科学・技術の姿を踏まえたうえで、このようなコミュニケーションの実態とあるべき姿を議論することの重要性を紹介している。さらに、「社会の中の科学知とコミュニケーション」というエッセイの中で、次のような議論を展開している。「日本における「科学コミュニケーション」という考え方には、多様な目的が込められ、この活動の担い手に応じてその意図するところが異なることになった。一つには、若者を中心とした理科離れ対策がある。科学技術立国を標榜する政府や経済界にとって、この問題は深刻だからである。二つ目として、基礎（純粋）科学への社会的支援を獲得するという目的がある。産学連携の進展とともに、そのような社会的応用と結びつきにくい科学研究への支援は軽視される傾向が生まれている。これに対する危機感から、科学コミュニケーション活動の必要性が主張される。三つ目として、科学をめぐって社会の中で生じている紛争を解決する手段としての科学コミュニケーションという考え方がある。これは、ヨーロッパの「科学への公衆関与」に近いものである。」（小林 2010）

科学または科学技術を推進する側が、一般市民よりも正しいという前提自体を疑っていく必要を指摘したうえで、次に、この問題を克服する試みを紹介したい。

科学技術コミュニケーションの政策的インプリケーション

公共事業実施に関する情報が、事業の影響を受ける地域の住民にどのように受け取られ、事業の受容に関する意思決定に影響するかについて興味深い研究（尾花・藤井 2016）が、工学系研究者によって実施されている。公共事業が地域において実施される際に、住民がどのように関連する情報にアクセスしているか、そしてその行動が意思表示と関連しているかについての研究である。研究は次のような方法で実施された。当該公共事業を受容するかどうかの判断をするにあたって、「既に知っている何らかの情報を思い出そうとする」内的情報探索行動、「まだ知らない関連情報を探したり、調べたりする」外的情報探索行動について調査し、内的情報探索行動と外的情報探索行動で取得する情報として、「事業の一般的特徴」、「過去の事業事例」、「計画内容」、「政策主体（事業責任者）」、「実施に至る手続き」について尋ねた。外的情報探索行動の探索手段として、「家族、友達、近隣住民」、「専門家」、

「政策主体（事業責任者）」、「インターネット」、「テレビ、ラジオ」、「本、雑誌、新聞」について尋ねている。

公共事業の受容判断場面において内的情報と外的情報を、受容に対してポジティブな評価を伴う情報とネガティブな評価を伴う情報に便宜的に区分すると、内的情報と外的情報の組み合わせパターンは以下のように分類できる（**表2**）。

①と②は内的情報のみに基づいて判断が行われる場合であり、新しい情報の探索を行わない場合である。①と③の場合は、内的情報と外的情報の両方を用いて判断が行われる。③〜⑥では内的情報と外的情報の両方ともにポジティブな内容であり、受容の問題は生じない。その他の場合は、内的情報か外的情報のどちらかにはネガティブな評価を伴う情報があるため、受容の問題が生じ得る。

この研究は、公共事業の受容を促進することを上位目標にしている研究であるため、分析は以下のように展開される。提案される公共事業の受容を改善するためには、取得する情報をネガティブな評価を伴う情報からポジティブな評価を伴う情報に変化させることが必要である。実際の事業が工学研究者を含む事業推進側のフレーミングにおいてポジティブであっても、事業の影響をうけるであろう人々がそのように認識しているとは限らない。そのため、計画を推進する側は、情報を伝えていないのであれば伝える必要があり、また伝えているのであればポ

表２　利用した情報と判断結果

区分	内的情報	外的情報	受容問題
①	ポジティブ	−	なし
②	ネガティブ	−	あり
③	ポジティブ	ポジティブ	なし
④	ポジティブ	ネガティブ	あり
⑤	ネガティブ	ポジティブ	あり
⑥	ネガティブ	ネガティブ	あり

出典：尾花・藤井（2016）

ジティブに認識されていない原因を明らかにし、改善を図ることが必要である、としている。

この研究が工学研究者の立場から示唆しようとしていることは、まず第一に、人々は受容判断状況によって情報探索行動が異なっていることである。政策実施者（＝公共事業の推進者）が、どれほど多くの情報を提供しても、②のように外的情報にアクセスすることなしに内的情報だけで判断する当事者にとっては、提供されている外的情報は存在しないのと同じ状況と考えられる。事業実施者から見ると、関係すると考えられる住民に外的情報を取得させるような状況を創造していくことが求められる。外的情報に基づいて判断されているにも関わらず、認識がネガティブであるならば、伝達している情報や伝達手段を見直す必要があると結論している。

次に、尾花らはこの研究で、探索情報や情報探索手段についても確認し、情報の種類によって探索されやすい情報とそうでない情報があることを明らかにしている。また、探索する手段も利用されやすい手段とそうでない手段があり、利用されにくい手段に働きかけているのであれば、その手段を利用するように促すか、利用されやすい手段に働きかけるよう変更することが求められる。

このことは、本書で議論する「環世界」の概念で考えるなら、どのように理解できるだろうか。狭い意味での科学技術の知識を直接創出していない多くの一般市民は、専門家である科学技術の知識の創出者の設定した評価基準に基づいて、なにがポジティブであり、なにがネガティブなのかを決められ、その枠組みの中での判断を促されるわけである。多くの一般市民は、自分が設定する枠組みで判断をすることを期待されていないのである。さらに、突き進めると、本来異なるはずの、個々人の「環世界」をある程度他者が操作することが可能であるという考え方が示されていると筆者は考える。ただ、具体的にどのようにすれば、この操作が可能であるかについてまでは、この論文では充分な言及はなされていない。

第3節　科学コミュニケーションと日本の理科教育

第2節の最後に紹介したような、科学技術に関する知識や情報に関するコミュニケーションにおいて、科学技術を専門にする集団と、一般の市民の間に、認識の違いが起こり、特に、科学技術に専門的に関わる人たちが、一般の人たちに「正しく」伝えなければならないという発想が、なぜ多くの人に受け入れられるのか気になり、日本の科学教育の基礎である中等教育に目を向けてみた。

鶴岡（2019a）は、特に中等教育を意識し、現代社会に生きる人を日常生活人・（理系）職業人・民主的社会人及び文化人という側面からとらえて、理科教育の価値・目的を次の四点にまとめている。

- 日常生活を円滑に送るための基礎を養う
- 科学・技術系職業人の基礎を養う
- 民主社会の市民性の基礎を養う
- 科学を味わえる文化人の基礎を養う

この視点を踏まえた理科教育に関する最近の研究動向の一部を紹介し、日本における科学技術コミュニケーションと教育の関係について整理する。

まず、科学・技術及び社会（ＳＴＳ）に関する教育と狭義の科学教育との関係は、「科学教育におけるＳＴＳ教育」と「ＳＴＳを通しての科学教育」の二つのアプローチに分けて考えることが出来る（鶴岡 2019b）。両者の間には、科学教育の目的・目標の違いがあると鶴岡は続ける。前者は、科学の概念と原理の理解のみならず科学的探究の諸過程の理解を含み、科学における探究活動をも対象化して批判的に吟味することが尊重されることを説明している。それに対して、後者は、ＳＴＳを、すべての人に対する科学教育、文脈化された理解可能・有益な科学を提供する手段・枠組みと理解している。筆者の理解では、後者は、科学技術の普遍性や客観性により信頼を置き、ＳＴＳをあくまでも教育の手段として用いることが中心であり、必ずしも、科学技術の知識および創出の過程そのものに対する問いを開いていくことを推奨はしていない。さらに、英国では前者が、米国では後者が強調されていることを紹介している。この違いは、遺伝子組換え等の議論で、科学技術への信頼を前面に出しがちな米国と、科学技術の不定性を前提とした予防原則を重視する英国やヨーロッパの違いと関連しているのかもしれない。

一連の研究では、科学的知識とＳＴＳリテラシーの関係性についての実証的実験も紹介されている（鶴岡他 2019）。国内の国立大学一年生を対象に、自然科学知識量を高等学校レベルの生物学（遺伝領域）の知識で測り、ヒトゲノム解析をテーマにした新聞論説的文章の読解力をＳＴＳリテラシーとして測る実験の結果から次のような仮の結論を導いている。まず、高等学校での履修科目が自然科学の知識量と関連していることから、狭義の科学技術知識は現状の教育から修得されている可能性が示唆されている。同時に、そのような知識の量は、必ずしも、ＳＴＳ的な論説文の内容判断（内容説明文の正誤判断）や、内容理解（定着）を保証しないことも示唆された。鶴岡らはこの実験から、ＳＴＳリテラシーが理科教育の中だけで取り扱われるべきものではないとしながらも、現状の教育の中では、生涯活きて働くＳＴＳリテラシーの育成にはつながっていない可能性があることを指摘している。

本書で議論している食の安全や種子に関する制度に対する市民の混乱の要因の一部が、一般的な教育を日本で受けてきた市民のこのような背景が影響している可能性もあるのではと筆者は考えている。

科学教育に関しては、科学的知識を専門的に産出する科学者は一定のパラダイムを持っておりその分野の先行研究に基づく仮説に従って研究を行うが、一般の学習者はそのようなパラダイムが（科学的知識に対しては）存在せず、観察事実に対して選択的に注意を向ける科学者に対して、学習者は手当たり次第に事実を収集し、本質的でない事実の解釈に腐心する（遠西他 2018）という見解も理科教育研究者の中に存在する。遠西らの見解は、そういう意味で、教科書に書いているような狭義の科学的知見の紹介が、学習開始の要件として当該分野の理論体系や概念枠組みなどの科学的文脈を提供するという積極的な評価もありうることを示している。

第４節　食と農の知識とコミュニケーション

ここで、科学技術社会論の話をひとまず離れて、本書のテーマである食と農の知識についての考察に戻る。筆者は、私たちの毎日毎日の食べるという行為が、著しく個人的、身体的な行為であることを前提としたうえで、同時に食べるという行為が社会や経済と不可分、政治的行為であることを認識することも大切であると考える。知識の議論をする際に、この身体的、動物的、個人的側面を出発点とした議論をしない限り、真の意味での知識創造やコミュニケーションは成り立たないわけである。実際には、現代社会において、多少食について意識的に関わっている人々であっても、食品添加物の科学的性質について具体的に調べたり、遺伝子組換え食品をその生産過程まで見通して選択したりする機会が非常に限られている。ましてや、日ごろ食べている食品がどのような種子から生産されているかを、体感として経験する機会のある市民は非常に限られている。このように、限られた人しか情報や知識の創出が難しいにもかかわらず、食と農の問題は日常とあまりにも強く結びついているために、すべての人が関わらざるを得ないところに知識創造が偏り断片的情報が流布されるというようなコミュニケーションの問題の大きな原因がある。

国際的な政治経済学との関連では、池上(2019)が、国際的な農業発展に関する研究の発展について論考する中で次のような傾向を指摘している。「食料安全保障の諸側面のうち、農学・農業技術研究はとくに増産による入手可能性の改善に重点をおいてきた。こうして、高収量品種の開発を軸とする緑の革命に至る研究がスタートする。緑の革命についての評価はさまざまであり、開発経済学者と農学者は、緑の革命が食料安全保障を強化し、成功したと評価する傾向が強いが、それに対して、社会学者や文化人類学者は懐疑的な見解を抱くきらいがある。おそらく農村や農民の生の声に近い立ち位置を持つほど、懐疑的になるように思われる。しかし、農業・農村開発の方向性をリードしたのは開発経済学者や農学者だった。」(一部筆者修正)

ただし、ここでいう社会学者や文化人類学者が、体感という意味でどこまで農村や農民自身による人間と作物の関係に迫れたかは、簡単に評価できるものではないと筆者は考えている。

本章の最後に、社会技術研究開発センター(2011)の科学文化に関する論説の内容に触れたい。

その中で、柳川範之は、異分野のコミュニケーションを行うにあたって、それぞれの目的のために適切な地図があることを前提にする必要を指摘している。すなわち、細かい路地を歩くのにインターネット上の詳しい地図がいいが、世界旅行をするには世界地図がいい。問題意識に合わせて地図を選ぶことが必要であり、地図選びを間違えると間違った処方箋が出てしまう。具体的には、例えば経済学者はある種の抽象化したレベルで、一貫して何かを分析したり、提言したり、記述をしたい、させたいという希望がある。そのためには、自然科学とあまり齟齬がない形で一般化して、社会全体の動きを提示できないといけない。科学技術を社会にどう活かしていくか、科学技術をうまく取り入れる社会とはというような議論は経済学の中ではできない。現時点では、言語や分析手法の統一ができないのが実態だと告白している。

落合恵美子（社会技術研究開発センター 286-288）は、「社会」が先か「個人」が先かという問題を提起し、言語学研究を引用して次のように述べている。個人の発話を「パロール」、文法や言葉の辞書的な体系を「ラング」とし、「パロール」は「ラング」なしには成り立たないことを指摘している。すなわち、この文脈では、個が個を表現するためには社会が必要である。しかしながら、同時に個人が発話しなければ言語全体は死滅することから、社会も個に依存しているとする。二〇世紀の人文・社会科学を大きく展開させたのが、この言語論的展開という考え方であるとする。自然科学のフレームでは、英語の論文しか業績に数えないという風潮があるが、人文科学や社会学ではローカルな言語が重要であり、日本において漢語の重視の必要性を主張する。漢語はコンセプトであり、漢字を使わないことにすると、コンセプト自体がなくなってしまう。このあたりの議論は、従来の科学技術社会論が方法論において普遍性を追求するのに対して、方法論や使用する言語そのものの多様性を説いており、多様性からスタートする議論には有用である。

科学コミュニケーションの説明の最後に、日本の生命科学者の態度に問われるべき問題について一言触れておきたい。すでに1章2節のセラリーニの研究の紹介の所でも触れたように、自然科学研究者にとっては、仲間との議論を通して研究成果を確認し、権威ある英文雑誌に関連研究者のレビューを受けたうえで掲載されることが最大の研究インセンティブであり、社会の大多数を占める一般市民とは必ずしも同じ世界を見ていない（蔵田2006）。遺伝子組換え技術に強硬に反対する市民の客観的科学知識が相対的に低いという調査結果もヨーロッパで見られ、筆者自身の日本における調査においても、種子法廃止反対や種苗法改正反対の運動に関係する市民の科学リテラシーや法律知識の不足が示唆されている。この傾向が市民の側だけの責任に帰されるのではなく、科学者を中心とした専門家の側の環世界の閉じている問題にどう対処すべきか、かつ、できるのかという問いも重要である。このような研究は、外部からは、科学技術社会論学会が積極的に取り組んできたが、筑波大学の遺伝資源実験センターのような最先端で遺伝子組換えを含む形質転換実験を実施している研究機関が取り組む、情報発信技術研究グループのような内部から研究者自身への問いかけを行うような社会科学系事業の社会的意義は大きい。

3 種子のシステムの考え方と知識創出の可能性

ここまでの議論を踏まえて、いよいよ筆者の専門分野である、種子に関する知識の創出とそのコミュニケーションについて考えていきたい。日本において種子をめぐる知識に関する議論は、新品種の育成をしている研究者や技術者、種苗業界関係者を除くとほとんどなかった。経済社会的な視点からは、ＮＨＫが綿密取材に基づいて一九八二年に放映した日本の条件シリーズの中で、「一粒の種子が世界を変える」というタイトルで種子の争奪について取り上げられており、当時の取材陣の視野の広さと先見性に驚きを覚えるが、この後述べる二〇一七年初頭以来の種子を巡る錯綜した議論を取材するＮＨＫ関係者ですらその番組があったことに気づいた人は数少なかったようだ。ただ、一般化はしなかったが、一部の有機農業者や京野菜などの伝統作物を作り続けている地域農業に携わる人たちは、常に種子のあり方にこだわってきたことも事実である。

筆者自身が、一九九〇年代にこの分野の研究を農業関係の学際的学会で報告した際に唯一会場からあった質問が、「経済学部で、なぜ種子の問題を研究されるんですか？」というものであったことからも想像できるように、種子について社会科学的にアプローチするということが、研究者にも理解されていなかった。また、市民向け講座で、人と種子の密接な関係について紹介しても、少なからずの反応が、「研究者は、変わったことを考えますね。生活の中で、種子について考えたこともなかった。」という状態が続いた。

種子の研究者としては、一生日の目を見ることがないと自嘲していた自分の研究が脚光を浴びることはそれなりにうれしいことではあるが、同時に、多くの混乱が起こっていることに危惧も感じている。その混乱の理由の多くが、生物学的な誤解やイデオロギー主体となった断片的な情報に基づく知識の創出と流布によるものと思われる。そこで、この章では、まずそのような混乱の実態と要因を検討したい。少し専門的になるが、種子の管理を取り巻く国際情勢にも触れる。情報が知識となり、行動につながることのむつかしさについて紹介し、最初に投げかけた安心・安全の知識創出に必要な要件について考えたい。

第1節　人間と農業における生物多様性の関係

生物多様性の中で、私たちの食と農業にとって最も重要なものは生物学的な種内レベルの多様性である作物品種の多様性である。生物多様性には、ほかに、種の多様性と生態系の多様性があるが、ここでは詳細は触れない。種内の多様性は、私たちの食料の生産を支える遺伝情報の多様性を意味し、多収性や病虫害への抵抗性、気候変動への適応などの性質を持つ新しい品種の育成に欠かせない資源であるとともに、地域の農民が日常生活の基盤として直接利用する資源でもあるからだ。

作物の多様性を人間が利用する関係は、農業が始まって以来続いているが、この多様性が科学を用いて本格的かつ戦略的に利用されるようになってきたのは一九〇〇年のメンデルの法則の再発見以降である。ただ、経済史の世界では、世界最初のバブルは一七世紀前半にオランダで起きたチューリップの球根の取引であったことはよく知られており、その意味では、四〇〇年近く前から作物の種子や球根など次の世代の元となるものが資源または財として認識されていたと言える。

農業における生物多様性は、二〇一五年の国連総会で合意された「持続可能な開発目標」(SDGs)の目標15に含まれている。「陸の豊かさも守ろう」をスローガンに、陸上生態系の保護、回復および持続可能な利用の推進、森林の持続可能な管理、砂漠化への対処、土地劣化の阻止および逆転、ならびに生物多様性損失の阻止を図ることが目指されている。特に、陸地に生育する農作物をはじめとする植物は人間の食料の80%を提供していることも指摘されている。わずか30種程度の作物種が世界の食料生産を支えており、また動物性食品の90%はわずか14種の哺乳類および鳥類に依存しており、これらの種の遺伝的多様性が減少することは食料安全保障や所得を脅かすことになってしまう。開発途上国の低所得の農村住民は、多くの野生生物などを食品・薬品・微量栄養素源としており、貧しい女性や子供たちが生物多様性の消失による否定的な影響を大きく受ける可能性がある。

世界の食料と農業の現状を分析し、あるべき姿を模索する国連組織である国連食糧農業機関(FAO(1996))は、「土壌、水、そして遺伝資源は農業と世界の食料安全保障の基盤を構成している。これらのうち、最も理解されず、かつ最も低く評価されているのが植物遺伝資源である」と報告している。農業には土、水、光などと同様に種子、品種等が必要であるにもかかわらず、土壌や水については、研究面でも政策提言の面においても持続可能性を実現するための議論がかなり活発になされていたが、植物の遺伝資源に関しては企業・研究者による育種利用、または製薬会社、化学会社等による商業的成分利用のような議論がもっぱらされているのみであった。私たちが日常的に食べている食物の源である種子や品種などの作物の遺伝資源の多様性の日常的利用が意識されることは少ない。作物の種子が、食料安全保障や農業・農村開発に不可欠の要素であることが忘れられがちである。

品種の多様性の話に戻る。品種の多様性の重要さに関しては、一九世紀半ばには、アイルランドで特定品種のジャガイモを作っていたために、病気が蔓延し2年連続不作となり多くの餓死者を出したことが歴史上よく知られている。自然科学的には、特定の品種が栽培されていた（品種に多様性がなかった）ために、一度病気がはやるとすべての畑で作物が病気にかかってしまったと説明されている。だから病気に強い品種を作る必要があり、そのような遺伝子を持つ品種が世界のどこかにある必要があるので、作物の多様性は資源として重要であると経済学的にも説明される。しかし、歴史学や社会学からは異なる常識が存在する。作物の出来が悪かったことは事実だが、アイルランドが飢餓に陥ったのは生物学的（農学的）理由と同等以上に社会的、政治的原因があったという理解である。当時、アイルランドはイギリスの植民地だったので、アイルランドの農民は自分たちの食べたい作物を作れず、（宗主国の）地主が作るように決めた小麦はイギリスに輸出されていた。アイルランドの農民はジャガイモしか食べることができなかった。小麦は収穫できたが、自分たちの食料であるジャガイモが採れなかったために飢饉になったという、社会的構造が指摘されている。このように、どのような視点でものごとを見るかという問題が、食と農の実態を解釈する際にも大きく影響していることがわかる。

第2節　食と種子をめぐる政治経済的枠組み

「食料安全保障」「食料主権」「食への権利」

私たちの食べるものが、基本的に種子から育てられた作物に依存していることから、その持続性を担保するための国際的枠組みの構築には多くの努力がなされてきた。関連して、重要な概念もいくつか議論されている。その中で、まず、「食料安全保障」と「食料主権」「食への権利」について紹介したい。

「食料安全保障」は「自給率向上」という場合はカロリーの総和という視点から議論がなされてしまいがちで、自給率向上をもたらす食料の中身や質についてはあまり問われない傾向がある。遺伝子組換え作物のモノカルチャーで自給率が上がったとしても、「食料安全保障」的には問題はないと理解される。日本国内では、政策的には「食料安全保障」の考え方が主流であり、国際的にもごく最近までは同様であった。それは、人類が長い間飢餓に悩まされてきたことと関係する。世界の人口を支えるためには充分な量の食料を生産しなければならないという立場からは、生産性を向上しないと私たちが生き残れないという思考に導かれ、特に二〇世紀以降世界の人口が爆発的に増加する中で、農業生産性の向上を第一とする農業が推進されてきた。

「食料主権」(Nyeleni 2007) は、より一般的に量的な食料確保を意識する「食料安全保障」の対抗概念として捉えられ、単なる量ではなく質やプロセス、そして権利を重視する概念である。それは、国家、国民、農民といった多様な主体が食料にかかわる意志決定を行う権利であり、「食への権利」と同様に基本的人権のひとつとされる（久野 2011）。「食料主権」議論に関連した国際的状況として、二〇一九年からの一〇年は「国連家族農業の一〇年」に指定されている。さらに、二〇一八年一二月に国連総会で採択された「小農と農村で働く人びとの権利に関する国連宣言（小農の権利宣言）」においては、世界中の小規模農家の生産活動にとっての、農民が育成し保全する種子の重要性が指摘されるとともに、生物多様性の保全においてこれらの農民が果たしている役割が認識されなければならないことが議論された（農文協論説委員会 2019）。久野（2017）は、「食料主権」概念に関する国際的な研究動向を分析し、同概念の一部主導者が、科学技術や資本を投入し、安価で大量の食料生産を目指す食料安全保障アプローチを新自由主義的言説と短絡的に同一視してしまい、食料安全保障論の近年の視野の豊富化を十分に理解していないことに注意を喚起している。さらに、「食料安全保障」が「規範的な目的＝到達すべき結果」に関する概念であるのに対して、「食料主権」が「規範的な過程＝到達すべき道筋」に関する概念であることを区別する必要性も指摘している。食料主権の解釈にプロセスの概念を持ち込むことによって、次に述べる農の営みを政治経済学の枠組みとは別に存在する現在進行形の実態として理解することによって、権利論に立脚する国際的な枠組みと農の実際を繋ぐ可能性を秘めていると筆者は考えている。

「育種家の権利」と「農民の権利」

一九八九年のＦＡＯ総会で、農業や種子に関する権利として、「育種家の権利」と「農民の権利」の二つを認識し、両方が重要であるとされた。「育種家の権利」というのは、新しい品種、特定の病気に強い品種やおいしい品種を作った人に与えられる知的財産権である。それに対して、遺伝的素材の提供者ということで、そのような新しい品種を作るための素材を提供している、または素材を畑で作り続けていた農家の人たちの権利を「農民の権利」と定義した。その後、「農民の権利」は、いくつかの国際条約の中に概念が取り上げられており、農民が育種等に不可欠な作物の品種の多様性保全に貢献していることを認識して、農民の権利(外務省公式訳では農業者の権利)として、多様性を利用した個人や企業の利益が農民にも公平に配分される権利、伝統的知識を保護する権利、政策決定に参加する権利の三点が、食料・農業のための植物遺伝資源国際条約に明記された。この両方の権利が調整されて初めて農業は発展できるというのが、一九九〇年代以降のＦＡＯの考え方であったと理解できる。それらに加えて自らの圃場に使用する種子を自家採種する権利、「農民の特権」の概念も条約に記載されている。これは種子や繁殖材料を農家やコミュニティが保存、利用、交換、共有、販売するという農民が古来行ってきた農の営みを担保しようとするものである。なぜ自分たちで種子を採る権利をわざわざ条約で認めなければいけないかというと、技術の提供者である人たちが持つ知的財産権があるために、一度自分たちの畑から外に持ちだされた遺伝子を使った新しい品種を、遺伝子の提供者が自由に使う権利が制限されるからである。

作物種子の多様性保全と利用を促す国際的枠組み

品種育成を継続するには、多様な品種の存在が不可欠である。多様な品種の持続的な利用を担保するための様々な国際的枠組みの中で、ここでは、育成者の権利および生物多様性保全を含めた三つの条約について簡単に触れたい。(図2参照)

図２　種子に関して並存する異なる国際条約

出典：環境省自然環境局生物多様性センター WEB サイト：http://www.biodic.go.jp/biolaw/jo_hon.html

外務省食料及び農業のための植物遺伝資源に関する国際条約 WEB サイト：https://www.mofa.go.jp/mofaj/files/000003621.pdf

農水省植物の新品種の保護に関する国際条約 WEBサイト：http://www.hinshu2.maff.go.jp/act/upov/upov1.html

それらの中で、最初に出来たのは、「植物の新品種の保護に関する国際条約（ＵＰＯＶ条約）」（一九六一年）である。植物の新品種の開発や流通を促すのが狙いで、品種の開発者に「育成者権を与え、保護すること」を加盟国に義務付けている。ただし、この保護は私的かつ非営利の行為や育種素材としての利用行為には及ばず（義務的例外）、自家採種を可能にする権利の制限も各国の裁量判断に委ねられている（任意的例外）。

一九九二年に、リオデジャネイロで開催された国連環境開発サミットで採択された生物の多様性に関する条約（ＣＢＤ）は、すべての生物を対象とし、人間にとっての利用を前提とした多様性の保全と持続可能な利用及び利用から生ずる利益の公正で衡平な配分を目的としている。三つの目的を明示したことのほかに、生物多様性の存在した国の主権的権利を認めたところに大きな特色がある。

ちなみに、気候変動枠組み条約もこの会議で採択されている。

三つめは、食料及び農業のための植物遺伝資源国際条約（ＩＴＰＧＲ―ＦＡ）（二〇〇一年採択）で、農作物の遺伝的な多様性は国際的な相互依存関係の上になりたっていることを認識して、重要な食用及び飼料作物の遺伝資源の国際的な移動や相互利用を、多国間で合意した方式で促進しようとしている。この条約は、ＵＰＯＶ条約の品種開発者の権利に対応する概念である「農民の権利」の概念を明示した。日本国内の種苗法改正議論で、「農民の権利」には販売を目的とする農業経営における自家増殖も含むという解釈も散見される。途上国の政治運動にも同様の言説が見られるが、これは明らかに曲解である。作物の遺伝的多様性を創出・維持してきた農民の貢献を認識し、彼らの遺伝資源管理にかかる実践の継続・伝統知識の保護・政策決定への関与を担保することが前文に明記されている。しかし、単に販売を目的とする農業経営において保護された品種の自家増殖は無条件に認められているわけではない。

国際政治経済学においては、国際条約で規定されている農民の権利を侵害する企業による種子の占有が大きな問題となっている（西川　2019）。多国籍企業が開発した品種に特許をかけるなどして、種子を所有物として、市場を占有している。この時に企業に所有されているのは、種子という目に見えるものだけではなく、種子が持っている遺伝情報が重要な要素となっている。産業的な品種育成の当事者から見ると、品種育成には多くの投資が必要であり、その過程や成果物に特許を保有し、技術の使用料を利用者から徴収することは当然である。企業と農家・最終消費者が経済的・政治的、さらには情報へのアクセス能力において完全に対等であるなら、作物の種子が人類共有の資産であるという基本的概念とは衝突しても、企業活動への正当な報酬であるという面からは品種開発に対する知的財産権の主張はある程度許容されるであろう。しかしながら、実際には化学企業をバックグラウンドとする少数の多国籍企業が世界の種子市場シェアの多くを占有しており、農家の側に多くの選択肢がない状態では品種に対する知的財産権の強い保護は圧倒的に企業に有利なものとなってしまう（久野　2014）。ただし、このような制度構築そのものが、経済的な所有権解釈の下で自明とされており、経済的所有権の理論に依拠する限り、資源配分の初期値や「効率」以外の価値、所有の正当化そのものの議論は可能とならないことも指摘されている（今泉　2016）。

以上のような議論は、開発を権利の問題と考える政治経済学からは当然視されるものであるが、実際の農村が直面している遺伝資源の管理の問題を的確に把握し、その効果的な管理に貢献しうるのかという疑問が筆者にはある。実際に、ＩＴＰＧＲ－ＦＡの締約国会議には、加盟国政府代表以外に世界中の市民組織や農民団体も参加しており、作物と日常的に関わっている農民に会場外でインタビューすると、彼らが、必ずしも、そのような政治的運動に賛同しているわけではなく、日常の中でのくらし目線で生物文化多様性とのかかわりを大切にしていることがわかる。

地域で多様性を守ることのむつかしさ

種子の供給システムには、フォーマル（公式）な制度とノンフォーマル（非公式）（または、ローカル）な制度の二つがある。公式な制度は一般に認証種子や保証種子という形で、政府等がある程度品質を保証するシステムである。日本の場合も稲・麦・大豆に関して、種子法がそのような制度の根幹を支えていた。一方、ノンフォーマルというのは、法律や成文化された制度によって構築されたものではなく、歴史の中で、地域の農民が種子を採っており互いに交換することを基本としており政府は直接関与しない。ローカルシステムは、自分の畑で採った種子を次の年にまく、または隣の農家と交換する、あるいは地域のマーケットで売買するという小さな循環を形成している。ところが、品種改良技術が進んできたことによって、グローバルなシステムが大きくなってきている。例えばアフリカで作られているトウモロコシを採ってきて、その遺伝子を日本の育種家が品種改良に使い、採った種子を例えばメキシコで栽培するとなると、いったん出ていった品種の遺伝的特徴がローカルのシステムに返される部分が切れてしまう。つまり、資源が元々あった場所から新しい場所に一方的に流れていく。資源というのはサイクル・リサイクルができれば持続性があるが、そのサイクルが切れているのが近代的農業の弱さの一面である。(**図3参照**)

ローカル／ノンフォーマルな種子システム（主要事例）		
農場内での採種 農場内での保存	コミュニティ内での採種・保存 親戚など持続的関係の中での交換	旅行時の持ち帰り 移民・出稼ぎ時の持参 民族移動に伴う拡散

フォーマルな種子システム（主要事例）		
政府・政府機関による種子の生産・供給（有償・無償）	政府管理のもとに、企業・組合等フォーマルな組織による種子の生産・供給（有償・無償）	政府国際機関・多国籍企業等の国際的アクターによるルール作りとその実施（国際政治経済の枠組み）

図３　ローカル／ノンフォーマルとフォーマルの種子システム比較

両方のシステムが存在することで､品種の多様性は保たれ、農家は作りたいものを作れる可能性が広がる。ローカルのシステムとグローバルなシステム、インフォーマルなシステムとフォーマルなシステムは別個に存在するわけではなく、併存している。両方のシステムが存在し、お互いの間を種子が自由に行き来できれば、持続的に多様な種子が供給される可能性が高まる。しかし、現在はローカルなシステムからグローバルなシステムへの流れが大きく、グローバルなシステムの中で作られた種子がローカルな循環に戻されることは少ないわけである。

第3節　二〇一七年以降の種子に関する混乱

第1章でも少し述べたが、二〇一七年四月に種子法廃止法案が国会を通過した前後から、食の安全に興味を持つ市民を中心に、日本の種子を守らなければいけないという言説が流布されるようになった。さらに、二〇二〇年四月には種苗法の改正案が国会に提出されるに至り、自分たちの食べるものは自分たちで決めたいという「食料主権」や、基本的人権の一部である「食への権利」と種子の問題を結びつけた運動や勉強会が盛んになっている。また、種子が輸入されると、多国籍企業の生産する遺伝子組換え作物が日本にも広がるのではないか、遺伝子組換え作物とパッケージで販売される農薬の健康や環境への影響は大丈夫なのか、というような不安がにわかに高まった。私たちの食べているもののほとんどすべてが、元をたどれば種子に行きつくことから、このような議論が盛んになり、新たな知識が創造されていくことは、とてもいいことだと考える。その一方で、生物学的に見ても、政治経済学的な世界の現状や法的枠組みから見ても、誤解や曲解としか思えない言説もまことしやかに流布されていることは、食の安全や安心を実現することにネガティブな影響がありうることも懸念される。

そこで、本節では、まず種子法と種苗法がどのような法律であるのかについて簡単に説明することから始めたい。

種子法は、一九五二年五月に国民の食料安全保障を実現するために議員立法によって制定された法律で、食料を確保するために、国の責任のもと、主要農作物である稲・麦・大豆に関して各都道府県が、

⑴奨励品種（それぞれの地域に適していると判断される品種）の決定に関わる試験の実施、

⑵奨励品種の原種・原原種（農家が米を作るために蒔くタネの親。古くからある品種のことではない）の生産、

⑶種子生産圃場の指定、圃場審査、生産物審査、および種子生産に対する勧告・助言及び指導、

を行うことを定めていた。

種子法廃止で「日本古来の伝統作物の種子がなくなる。」とか、「日本の優良な品種が多国籍企業の手にわたり、農家が多国籍企業の種子を毎年買うことになる。」という誤解まで飛び交っている。しかしながら、この法律が定めている三つの項目を見てあきらかなように、種子法は品種の保存や民間企業の参入制限を直接定めているものではない。私たちが食べている米を生産するために農家が使用する種子の多くは都道府県およびその指定した生産者によって三年間かけて生産される。なぜ、三年かかるかというと、稲の栽培に必要な種子の量を確保するには、国や都道府県の試験場が持っている元になる特定の品種の特性を保持した質の高い少量の種子（育種家の種子）から、増殖を行う必要があるからだ。その際に、異なる品種の種子が混じらないようにしたり、病気にかかった種子が入らないようにしたりするために、専門技術を持った研究者や技術者・農家が関わり、多くの農薬の投与も行われている。しかし、このような過程は、一般の消費者にはほとんど知られていない。なぜならば、種子

法は、専門組織の間で行われる取引の内容を定めた法律で、システムが問題なく機能している間は一般の消費者が日常的に知る必要のないものだったからである。このことも種子法廃止に当たって、法律の趣旨や内容とかけ離れた言説が創造・流布した要因である。

稲の品種「とねのめぐみ」の開発者モンサントジャパンは「コシヒカリ」を始めとした日本にある多様な稲の遺伝資源を持っており、種子法の廃止で多国籍企業の遺伝資源取得に大きな変化があるわけでもない。ただし、農業の企業化・大規模化を促し、全国の自然や文化に根差した小規模な農業を根絶やしにしかねない政策に基づく農業競争力強化支援法によって、公的機関が持つ知見などの民間への提供が促されており、優良品種の種子や公的機関が持っているノウハウが一部企業に所有されることは充分懸念される。

なお、伝統作物として注目されているような野菜類に関してはこの法律はまったく関係ない。したがって、種子法が廃止されたからと言って、そのことが、野菜や果樹を含む日本の種子の流通に関して、種子の海外流出や多国籍企業の参入に繋がるということはなく、新聞等のマスコミで報じられたそのような情報は、事実に基づいたものではなかった。また、歴史的な視点からは、日本で作られている作物は、稲・麦・大豆はもとより野菜や果物もほとんど全部が本来的に外国原産で、日本固有の作物種はほとんど存在しない。私たちが日常的に食べているもので、日本原産と考えられているのは、ワサビやウドなどごく限られた野菜類のみである。そもそも、人類はその移動の際に種子を持ち歩くことが一般的であり、現在アフリカで多く生産・消費されているトウモロコシは南米原産であり、世界中で食べられている米は東南アジア、小麦は中東原産である。近年の品種改良においても、たとえば新潟県で栽培されているコシヒカリ系統の稲には、最近数十年の間に中国やインド、アメリカから分けてもらった種子を素材としたいもち病に対する抵抗性遺伝子が組み込まれている。私たちが日常的に食べている作物の品種改良は国際協力の相互依存関係の成果である。

種子法が廃止されて二年後の二〇二〇年四月現在、道県の責任において、主要作物を中心とした当該道県にとって重要な作物の種子供給を道県の責任において行うことを決めた条例が一八の道県で制定されており、その数はその後も増え続けている。種子法の間接的な目的が、農家が毎年種子を購入することであったことを考えると、自家増殖の制限に反対する人たちが、同時に、このような条例に賛成することは、論理的とはいいがたいが、「種子の管理に企業が入ることが悪である」という価値観で、現状を見る人々の「環世界」においては、矛盾は起こっていないわけである。したがって、「種子の管理に多様な関係者が関わることが望ましい」という価値観を持つ人々との間でのコミュニケーションは非常に困難である。後者は、多様なアクターを認めているため、自家増殖を推進するアクターの環世界に対して想像が可能であるが、前者は、自家増殖を最善とする環世界を持つため、それ以外のアクターの存在はあってはならないものとされてしまう可能性もある。

他方、種苗法は、「(作物の)新品種の保護のための品種登録に関する制度、指定種苗の表示に関する規制等について定めることにより、品種の育成の振興と種苗の流通の適正化を図り、もって農林水産業の発展に寄与すること」を目的とした法律である。したがって、種子法が廃止されても、登録されている品種の知的財産権は種苗法によって守られている。ここで、品種登録とは、

区別性(Distinctness)＝既存品種と重要な形質(形状、品質、耐病性等)で明確に区別できること

均一性(Uniformity)＝同一世代でその形質が十分類似していること(播いた種子から同じものができる)

安定性（Stability）＝増殖後も形質が安定していること（何世代増殖を繰り返しても同じものができる）の三つの条件などを満たす新しい品種を、その開発者が農林水産省に登録できる制度である。

二〇二〇年の国会で可決された改正は、これまで原則認められており、例外的に制限されていたこれらの登録品種の自家増殖（農家自身が種苗会社から購入した種子を用いて種子を採ることなど）を、登録した者の許諾に基づいて許可する原則に改訂しようとするものである。このような改正が行われる理由は、日本の公的機関や民間会社が育成した優れた作物品種が海外に流出し、そこで増殖され、作物が生産されることによって、日本の農家や品種の育成者の活動に支障をきたす可能性があり、育成者の権利を守ることによって、日本国内の農林水産業の発展に資するためと農林水産省は説明している。この問題は、韓国で行われた冬季オリンピックのカーリングチームがモグモグタイムで口にしていたイチゴが、日本から韓国に不正に流出した品種であったことで、多くの市民の注目を浴びた。この改正に対して、自家増殖がすべて禁止される、多国籍企業を支援し農家の自由を失わせる改悪であるという言説がSNSを中心に飛び交っている。

一般市民がツイッターなどでつぶやくだけでなく、日本の有機農業や自家採種の運動を牽引してきた中核的組織である有機農業研究会が国会審議に先立って表明した意見書の内容にも、数多くの混乱が見られた。具体的には、法律の内容とイデオロギーとの混乱、実際に大多数の農家が種苗を購入している事実を軽視していること、国際条約で使用されている農民の権利の概念について交渉の経過を無視した独自の解釈を展開していることなどである。

有機農業における自家採種及び種苗交換を推進してきた林重孝は、種苗法の改定で制限されるのは、品種登録されたものに限り、在来品種や登録期間が過ぎた品種の自家採種は自由に行えることを強調している。同時に、自家採種制限を全面的に否定するのではなく、品種育成者は新品種の開発に多大な労力と時間、経費をかけており、一定の権利が守られ、ロイヤリティが支払われるべきことに同意している(林 2018)。同時に、伝統野菜を地域おこしに使う際に用いられる商標による囲い込みにも疑問を投げかけており、特定の関係者(ステークホルダー)が種子をコントロールしようとする動きに対する抵抗を示していると筆者は考えている。

本節の最後に、生物学的な言説で、筆者から見て誤謬であると考えている内容を二点紹介しておきたい。一般に私たちが食べている野菜は、一代雑種又はハイブリッドと呼ばれる、比較的性質の異なる親を掛け合わせて作られた品種の種子を利用している。このことに関して、第一に、ハイブリッドの種子で育てた作物からは次の世代の種子が採れないから不自然であり、そのような作物は身体にもよくないという考えが出てくる。ハイブリッドの種子から育てた植物から種子が採れないというのは必ずしも正確な表現ではなく、実際には多くの場合、種子を採ることは可能であり、有機栽培を行う農家がハイブリッドのダイコンやニンジンから自分の畑に適した種子を選抜していることも多い。さらに、ハイブリッドの種子を生産する際に、異なる親の花粉を掛け合わせる必要があるために、母親側に雄性不稔と呼ばれる遺伝的に花粉ができない系統を使用することが多い。このことから、ハイブリッドの野菜を食べ続けると、人間も雄性不稔の影響を受け、そのことが少子化につながるという言説もある。これらの言説は、生物学・農学の立場からは、明らかな間違いであるが、そのことを科学的に説明しても、納得しない人は納得しないところに食と農に関する知識の難しさがあると言えよう。

科学技術の世界で広く受け入れられている知見であっても、言説(情報)を作り出している当事者の環世界においては、それぞれが発信する情報の内容こそが事実であるからだ。

4 食と農に身体性を取り戻す知識とは

ここまで、食の安全・安心に関する議論（1章）から始めて、科学自身では問うことのできない科学の社会における意味を扱う科学技術社会論を紹介（2章）し、食の源である種子と人間の関係・多様性とその保全・利用の国際的仕組みと最近の日本における議論の混乱（3章）に触れてきた。続く、この4章では、私たちが身体という物理化学的存在を持つ生物であるという現実を直視し、その知識創造とコミュニケーションの限界と可能性について議論したい。人間は植物とは異なり、植物が固定したエネルギーを食物という形で摂取することによってしかその生命を維持できない従属栄養生物である。食べるという行為が、人間にとって、その存在の持続に不可欠であり、人間は常にそれが満たされない不安に苛まれてきたことを認めることから、議論が始まる。さらに困ったことに、雑食動物であるために、食べるものの選択が広いがゆえに、特に日本のような流通が発達した場所においては何をどのように食べるかに悩んでしまうという悲喜劇が起こっている。そういった悩みを多くの人が抱えているところに、本書の最初の問いが存在する。なぜ、食品添加物や遺伝子組換え作物を毛嫌いして、充分な情報を自分の視点で収集、分析することなく、反対意見をばらまく人が多いのか。主要農作物種子法のような日常生活に直接関係のない法律の廃止にＳＮＳなどでもっともらしい意見を述べることがはやるのか。

筆者の結論の一部を先取りするなら、それは、私たちのコミュニケーションが本質的には「閉じている」ものであるからであろう。「閉じている」ということは、コミュニケーションがなくても、私たちの存在が持続的でありうることも意味する。自分の存在を一つのシステムと捉えるなら、システムという言葉の定義上境界を持った存在であり、コミュニケーションがない状態が続いているということは、システムが閉じていても持続可能な状態であることを意味している。しかしながら、実際には他者とのコミュニケーションをしないと、よりよい生き方を模索できないことも経験的に知っている。必ずしも明示的に言語化された形では説明できなくても、ある程度共通した知識として私たちが共有する概念は暗黙知と呼ばれる。暗黙知の特徴についての議論を展開すると膨大なものになるし、筆者にその議論をする能力もない。しかし、論考を進めるうえで筆者が考えている暗黙知の要素として、(1)長い歴史の中で構築されてきたもの、(2)個人や集団（コミュニティ）によって個別に形成されてきたもの、(3)その形成過程を言語化することが難しいこともあり、異なる暗黙知間のコミュニケーションは難しいと考えられること、の3点を挙げておきたい。伝統作物の栽培を含む、作物や種子と人間の関係には、このような暗黙知が多く存在し、種子を継いできた家族や地域集団の中で、言語を使わずに伝達されてきた可能性が高い。この章では、作物と人との関係を直接体感していない人々と、作物と人との関係を直接体感している人々との間には、自らの環境認識に大きな差があるという、異なる人々の間のコミュニケーションが「閉じている」状態を概観し、その「閉じている」コミュニケーションの現状を受け入れたうえで、開かれていく可能性について議論したい。

安富（2012: 10, 2013: 13）は、「魂が植民地化されている人」という考えかたを提案している。自分自身の地平ではなく他人の地平を生きる人、別の表現をすると、自分が感じる幸福ではなく、他人が「幸福」だと考えることを追求する人が、魂が植民地化されていると説明されている。日本で、このような状況が起こる要因として、「自分の立場の都合のよいように相手の話を解釈する」「都合の悪いことは無視し、都合のよいことだけ返事する」「どんなにいい加減でつじつまの合わないことでも自信満々で話す」（安富　2012: 24-25）などがあげられている。これは、環世界というものに気づいた話者が、自ら作り上げた環世界を他者に意図的に押しつけようとする試みと言える。

このような話法は、権威主義的集団が好んで用いているが、実際には日本社会の構成員の多くがこの影響のもとにいる。そして、この影響下にあると、不条理な世界を理解する際に、自分の目の前にある都合に合った話はそれが嘘であろうとなんであろうと飛びつき、都合の合わない話はどんなに筋が通っていても受け入れないという事態が起こる。

このような状況から脱却することを、安富は「魂の脱植民地化」と述べ、人間の魂が伸び伸びと作動し、その作動を通して成長する、そのような作動は他人からは見えないし、本人にも見えない。そのような作動を「暗黙の次元」における「創発」と呼んだポランニーを紹介し、人間を含む生命には、記述を受けつけない暗黙の次元があって、それが我々を活かし、世界を成り立たせ、進化や発展をもたらしているという考え方を紹介している。

同時に、人間がこの世界で生きられるのは、人間の魂がその能力を備えているからであり、自分の生きる力を信じるには上で述べた「魂の脱植民地化」を通した、自らの地平で自らの世界を生きることの大切さを説いている（安富 2013: 13）。たとえそれがどんなに科学的な知識であっても、一人の人間がそのことを「知る」ということは、個人的な過程であり、その過程は知ることができないため、「暗黙の次元」に属しているという考え方（暗黙知＝tacit knowing）である（安富 2013: 170-172）。さらに、古今東西の思想家の思想の内容とそれらの相関関係を分析し、人間が生きられることの驚きを前提とする学問について考察することを「合理的な神秘主義」と名付けている。それに対して、学問的知識と称するものの客観性あるいは確実性を前提とした知識論やそれに拠って立つ社会の在り方を「神秘的な合理主義」として対置している。その際に、筆者が注目したい安富の態度として、安富による概観は、偉大な思想家たちの思想の「正しい」解説ではありえず、安富による「誤解」の正確な描写だとしている点である。知識の議論をするときに、その正確性を問うことは大切であろうが、正確に描写するには厳密な条件が必要となり、それが学問の細分化を招き、結果として複雑な世界を理解しよりよく生きることから私たちを遠ざけてしまっていることへの反省でもあろう。

認識に関する議論で一時注目された論文に、ネーゲル（1989a）による「コウモリであるとはどういうことか」がある。この問いでは、他者の主観的経験を認識・記述することが可能であるのかを問題にしている。ただし、この問いは、人間としての感覚のありかたや思考回路を保ったままでコウモリになったとしたら、人間が物事をどのように感じ捉えるのかを問うのではない。コウモリにとってコウモリであるとはどういうことか、を問うのである。

ネーゲルは例示する対象として火星人でもスズメバチでもネコでもなくコウモリを挙げた理由を、第一に発生系統学上、人間から遠すぎないため、コウモリには経験があることが想定しやすいから、第二にコウモリの感覚器官が人間のものとはかなり大きく異なっているからである、と説明している。

人間は、コウモリが反響定位によって物体を捉えているというように物理的記述でコウモリの主観的経験を想像することはできるだろう。だが、「コウモリの身体を持つ主体がコウモリの物理的環境の中で物体をどう捉えているのか」には原理的に到達できないと主張する。すなわち、「意識の主観的側面はいわゆる科学的な客観性の中に落とし込むことが不可能である。」ということである。他者に何らかの経験があることは想像でき想定できても(believe)、そこに到達することはできない(inaccessible, incomprehensible)。この問いが示唆する重要な結論は、「人間の言語で表現可能な命題によってはその本質がとらえられないような事実が存在する。」ということである。

この説明は、食と農に関する知識をある人間が創出し、その内容を情報として異なる人間に対して伝えようとしたときに、客観性を前提としたコミュニケーションが必ずしも成り立たないという筆者の立ち位置をわかりやすく示している。生物学的な認識だけでなく、政治経済的議論を含めて、異なる人間が大きな困難を伴うことなく、一定程度のコミュニケーションが成り立つような客観性のある認識があると考えてしまうことは、情報の伝達によって伝えたい知識の共有が行われるという幻想を生み出してしまうかもしれない。したがって、筆者は、個々の人間の生物としての経験あるいは知るという行為の過程を出発点として、その経験や過程は他者とは異なる可能性が高いことを認めることが、知識を創出し普及する議論の原点であると考える。

第1節　環世界という動物行動学者の考える認識

動物行動学者の日高敏隆は、環世界の概念を、「人間は真実を追求する存在だと言われるが、むしろ真実でないこと、つまりある種のまぼろしを真実だと思い込む存在だというほうがあたってるのではないか」(日高 2013: 32) と説明している。

一般に「環境」と呼ばれているものに対する、「客観的」認識について、「かつての「自然科学的」な認識では、環境は客観的に存在するもので、温度は何度、湿度はどれくらいであって、空気の濃度はどれくらい、酸素の濃度、二酸化炭素の濃度はどうだなど、すべて数字で記述できるもの、それが環境であるというふうに思われていた。そこには、草もある。それには、どういう草と、どういう草があって、花が咲いている、どういう木がある、どんな石がある、等々、全部記述できるはずである。それが、そこに住んでいる動物の環境、客観的な環境である。こういう認識が、もっともオーソドックスな環境の定義であった。」(同書：35) と説明している。科学とは、このような認識（客観的世界の存在およびその認識可能性）を言葉にしていく行為であり、したがって、そのような行為が可能であることが科学に携わる者にとって暗黙の了解となっていたと考えられる。しかしながら、動物による環境認識について紹介することを通じて、「客観的環境」という概念そのものに対して疑問を提起している。すなわち、「動物たちは、それぞれがそれぞれの生活に役立つ、環境のなかに棲んでいる。その環境とは小さな身の回りの世界のことだ。それは、われわれが見たり考えたりした客観的な世界・宇宙とは違って、そのごくごく一部を切り取って見ているといえる。それは客観的なものではなく、きわめて主観的な、それぞれの動物によって違うものである。」ということである。

具体的な例を紹介する。

「森や藪の茂みの枝には小さなダニがとまっている。この動物は温血動物の生き血を食物としている。ダニは適当な灌木の枝先によじ登り、そこで獲物をじっと待つ。たまたま下を小さな哺乳類が通ると、ダニは即座に落下して、その動物の体にとりつく。

ダニには目がないので、待ち伏せの場所に登っていくには全身の皮膚にそなわった光感覚に頼っている。哺乳類の皮膚から流れてくる酪酸の匂いをキャッチすると、とたんにダニは下に落ちる。酪酸の匂いが獲物の信号となるのである。

ダニを取り囲んでいる巨大な環境の中で、哺乳類の体から発する匂いとその体温と皮膚の接触刺激という三つだけが、ダニにとって意味をもつ。いうなれば、ダニにとっての世界はこの三つのものだけで構成されているのである。

つまり、それぞれの動物、それぞれの主体となる動物は、まわりの環境の中から、自分にとって意味のあるものを認識し、その意味のあるものの組み合わせによって、自分たちの世界を構築しているのだ。」(同書：36-38)

この世界認識と、先に安富が述べている(74ページ参照)、「自分の立場の都合のよいように相手の話を解釈する」「都合の悪いことは無視し、都合のよいことだけ返事する」と響きあうものがある。いいとか悪いとかの問題ではなく、生物とはそんなものである、という点に注目したい。

日高は、このような考えは、当時主流であった唯物論ではなく、主流の科学者の反感もあったため、ユニークな研究を展開していたにもかかわらずユクスキュル（序章10〜11ページ参照）は動物学者として正規の大学教員となれなかったと述べている（日高 2013: 46-47）。しかしながら、時代が進むにつれて、日ごろから動物の観察を方法論とする動物行動学においては、動物の行動の目的・仕組みなどを知るには、その動物が何を認識し、世界をどういうふうに構築しているのかということを考えることなしに、理解は進まないため、ユクスキュルの環世界論が、だんだんに重い意味を持つようになってきたとも解説している。

それぞれの主体が認識する環世界がそれぞれに異なるのは、動物だけでなく、人間にとっても当てはまる。例えば、人間は、現実に存在していることは間違いのない紫外線を直接見ることはできない。動物であれば、そこで止まる（紫外線はその動物の環世界に含まれない）が、人間には、科学を使った機械を用いてその存在を測定することによって、認識することが可能になっている。ただ、それでも、紫外線そのものを見ているわけではない。日高（2013: 144）は、現代社会におけるインターネットなどを例に挙げ、そのものは見ることが出来なくても、ディスプレーに表示することで、存在を認識すると説明する。

ただ、興味深いのは、人間がほかの動物とは違うという側面を議論しつつも、同時に、動物と人間が持つ共通点についても言及している点である。すなわち、人間も人間以外の動物も、環境全てを捉えているのではなく、必要なものだけを抽出し、何らかの形のイリュージョン（幻影）によって世界を構築し、その中で生きているわけである（日高 2007）。私たちが認識している世界は「客観的」なものでは決してなく、あくまでも認識した主体による抽出・抽象された主観的なものであることである。

以上に基づいて、日高は、科学者が真理に近づくとはどういうことかについて、真理が存在するならそのような問いに意味があるが、人間や動物にとっての環境について「客観的」なものが存在しないなら、われわれの認知する世界のどれが真実であるかということを問うのは意味がない、と考察を進める。であるとすると、私たちが問わなければならないのは、この異なるイリュージョン(を持つ主体である異なる人間)の間に、コミュニケーションが成り立つのかということである。

異なる主体が、同じ環境に対する認識を交換したときにおこる反応は、もしその環世界に共通点が多ければ共感かもしれないし、相違点が多ければ違和感や不快感かもしれない。そもそも言語が異なれば、コミュニケーションはすれ違うであろう。この出会いは複雑な結果を生み出し、場合によっては新しいイリュージョンを生み出すかもしれない。研究者は、このようなイリュージョンを楽しむもので、ある時に得られたイリュージョンは環境理解の一時的なものかも知れないが、それは美学や経済の枠組みとは独立したその行為自体の喜びである。「人間はこういうことを楽しんでしまう不可思議な動物なのだ。それに経済的価値があろうとなかろうと、人間が心身ともに元気で生きていくためには、こういう喜びが不可欠なのである。」と締めくくっている。人間が認識する世界が、日高のいうイリュージョンであることが現実であるなら、そして、実際それが現実であると筆者は考えているが、知識というものは、動的であり、移ろうものであり、その主体者が、環世界について描写したものがすべての出発点であり、逆に言うと、この出発点を忘れた情報は、世界を描写する力や説得力に乏しいものと考えるべきである。

第2節　環世界で明らかにする種子の世界

本節では、作物と人間の関係を日々経験し、実際に作物の種子を採っている、採り続けている当事者は、種子を採る、種子を継ぐという行為をどのように認識し、なにを目的に種子を採り続けているのであろうか、について当事者たちの言葉を通じて描写したい。日本には世界的な政治経済的枠組みの中で経済的利益を追求しないだけではなく、権利意識を前面に出すことをしないで品種の多様性を保全し利用する農家や農の営みに従事している人たちが多数存在している。この時に、筆者が取り上げたい当事者は大きく分けて二つのグループに分かれる。第一は、一義的に自分のために種子を採っている農家や農に携わる人たちである。もう一つは、そのような農家や農に携わる人たちを丁寧に観察し、その行為の内容や機能を言葉に表してきた人たちである。もちろんその両方に携わる人も多い。先にも触れたように、日本は、南北に長く地形も複雑であることから、食料・農業のための生物多様性が豊かである。作物品種の多様性は単なる生物多様性の要素にとどまらない。それらが栽培される適地において、その特性をもっとも発揮できるような加工法なり料理法なりも発達し、品種が単なる農業の投入財ではなく、その地域に暮らす人たちが生活を営む際に不可欠の要素として生活文化複合の一部をなすようになった（菅　1987: 18-23）。このような、生物文化多様性は、作物と人との多様な関係性の積み上げの中で成立したものであるが、人の側が作物の育つ農業生態系という環境をすべて把握していたわけでも、その内容を言語化できていたわけでもない。むしろ、作物を育て、種子を採り続けてきた人たち自身が認識した環世界の総体として、地域固有の多様性が存在してきたと考えられよう。

まず、岐阜で自家採種をしながら、自家採種の普及に努めている岡本 (2019) の言葉から紹介する。

「ダイコンの種はどう蒔くか。本には、まず穴をあけて三粒蒔いて土をかぶせて水をかけ、三本芽が出たら二本引き抜いて一本にすると、まっすぐきれいな形の大根がでる、と書いてあります。だけど採種するためにダイコンを四〇～五〇本残して種を保存するんですが、取り残したものから地面に種が落ちて、そこからダイコンが出てきます。すると見事なダイコンがきれいな間隔でできます。なにもしていないのに、なぜ、穴をあけて三つの種を入れてそのうち二本引き抜いたような形になったんだろうと思うわけです。それで、ダイコンの種をさやのまま蒔いたらどうなるかやってみると、面白いことが起きました。さやの中に三粒入っているので三つ出てきます。さやは固いスポンジ状で濡れると固いスポンジに種が包まれた状態になり、土をかぶせて水をやるということを、このさやでやっているんです。しかも、少しだけ光が遮られています。発芽する条件が自分の体の中だけでできているわけです。だから三本発芽して、さやごと出てきます。このさやは邪魔ですから分解して、そのうち消えてしまいます。その時に不思議なことが起きます。三本のうち二本が消えて一個しか残らないのです。たまに残ることもありますが、自然界はそうやって自分の力で芽吹くように植物はできていて、それを人間が真似しているということです。」

野菜の種子を体感した人間の環世界を言葉に表現している事例は他にも多数ある。長崎で永年自家採種を行うとともに、自家採種をしたい人たちの指導に当たってきた岩崎 (2006) は、自分の野菜を観察した多くの言葉を書き記している。その一部を紹介したい。

「たとえば、人参は、元の姿を想像できないような、少しの風にも倒れてしまいそうな姿になっています。引き抜いてみると、根はまったくなくなっていますが、私の目で選び抜いた人参は、自らの種を精いっぱいに高く支えてがんばって、いのちの伝承を表現しているようです。その鞘を見ていると、「ここまで育ててくれてありがとう、この種子を頼みますよ。」と言われているような気持になります。」

「私は長いあいだ、収穫間際の野菜が美しいと思ってきました。しかし、いろいろな種を採るなかで、いまでは花の瞬間こそが美しいと感じています。野菜の本当の姿とは、野菜が生育している時ではなく、花を咲かせたときなんですね。（中略）その美しい花もやがて鞘になると、今度は醜い姿に変わります。まさに、枯れはてて大往生していく姿です。その姿を見ると、野菜たちが次の世代となる種を精いっぱい生きて支え、一生を全うし、枯れはてて行こうとする、花の美しさとは別の意味の、野菜の本当の美しさを感じます。」

「種は自分のものではなくみんなのものだ、と頭では理解していても、よい種に出会えば、「自分だけのものにしたい」という気持ちが誰でも起きます。」

さらに、岩崎（2013）は、自分が種を触るときの様子を、赤ちゃんに接するときに使う「あやす」という言葉を用いて表現している。

「種が落ちないようにその株を引き抜いて、しばらく乾燥させてから、次々に種をあやす・あやすというのは、鞘を抱いたようにして鞘から種を落とすこと。左の手で鞘を抱いて右の手であやしていく。それは、まるで赤ん坊をあやす姿に似ている。（中略）種のこの小さな神秘性、すばらしさ、そして大切さを、種をあやすなかで感じている。」

奈良県のプロジェクト「粟」事業では、大和の伝統野菜保全をNPOとして行いつつ、集落の営農組合でそれらの伝統野菜生産を行い、地域内のレストランで消費者に提供することによって、種子の保全・継承と地域活性化、付加価値の地域への還元を実現する三位一体の経営を行っている。この事業の運営を担う当事者は、種子に対する感覚を、「種採りの作業を体験すると、そこで湧き上がってくるのはほっとする感覚である。」と述べている。上手に穫れてほっとするのではなく、命を繋いだ安心感のようなものと表現している（三浦・三浦 2013）。したたかに種子の保全を行う経営者の行動の根拠が、生命を繋ぐ生活文化として、人とのつながりや自然への感謝の気持ちとして説明されている。

第3節　環世界の大切さに気付いていた研究者のまなざし

育種学をはじめとした農学・農村社会学研究者自身が品種育成を人間と植物の相互依存関係の現われとして描いている表現がたくさんある。

藤本（1999）は、ヨーロッパにおける農業革命を評価する中で、農業における省力と収量増のために農業以外の経済活動からの資材に頼り、それまで生物が築き上げてきた独自性、生物の相互関係における認め合いの発展、自らの存在を他の物質に依存しない自律性と多様性の展開から農業が離れてきた問題を指摘している。そして、ヨーロッパやアメリカなど元来植物遺伝資源が豊富でなかった地域が、それ故に積極的に遺伝資源の収集利用に取り組んだとしている。農業関係者が注目している低投入持続型農業についても、生産性を持続させるという技術面のみならず、人間と生物の関係を相互依存と捉えるあり方を根本的に変える意識改革の面から重要性を指摘している。これは、育種研究者が、その生物との関係性の中で体験的に開発のパラダイムの転換を行ったものと考えられる。

長く国際農業研究機関で商品作物であるキャッサバの育種に携わった河野(2002: 258-259)は、育種の考え方を還元論的立場と全体論的立場に分類している。前者は育種目標としての収量増加はその構成する個々の要素を把握することによって実現されると考え、後者は育種が農家の選択肢を豊かにすることが目的であると捉え、収量や適応性という特定の少数遺伝子に還元できないものはそれ自体がひとつの実体であり収量そのものを選抜していくことによって目的が達成されると考える。還元論者は品種育成の目標を達成するために、目標を構成する要素に分解し、それぞれに対応する遺伝子を選抜しようとする、「科学的・客観的」指標の利用を行う。他方、全体論者は、品種を導入しようとする場所で人間が「環世界」として認識できる尺度で選抜を進める。還元的立場をとるといかにも科学的にものを進めているように見え、論文も生産しやすい。一方、全体論的立場をとると、個々の作業が科学的な外観をともなわず、従事している者も田舎者に見える。しかし、世界に存在する多くの品種が、実際にはそれぞれの地域に住む人々の環世界に基づく選抜によってできてきたことを認める必要があると説いている。

稲の民間育種に詳しい菅は、在来野菜の品種についての考察で、元来野菜の特産品というものは、地域の狭い風土の気象・土壌条件のもとで育まれ、そこに適地を見出した遺伝子型を持つもので、適地が極めて限られたものであろうと述べている(菅 1987: 18)。品種は、その栽培される地域、風土、生活、習慣と密接に結びついて、一つの地域文化を形成する大切な要素となっており、同じ作物種の違った品種では、本当の意味では代替できないと考えられる（菅 1987: 23）。

増田（2013）が全国の種子を繋ぐ人々から聞き取った次の逸話は注目に値する。それは、「種子をただでもらったら、実がならない」「芽が出ない」という語りであり、東京・熊本・沖縄など特定の地域に限らない多くの事例を指摘している。種子は万人のためという思想と、それでも決して種子を無償でもらってよいわけではないという思想の共存から学ぶべきことがあるのではないだろうか。

二〇〇三年に平成の飢饉と言われるコメの凶作が起こった際に、岩手県が次年度に農家に普及しようとしていた奨励品種の種子生産ができなかったため、沖縄県に依頼し、石垣島の農家が協力し、二期作の前倒しで種子生産を行い、岩手県の稲作を救った事例があった（西川 2017: 131-135）。この品種は、その後岩手県と石垣島の助け合いの象徴として、「かけはし」と名付けられた。人間の食べる食料を創るための種子が不足する際に、無理をしてでも他の地域の人たちが利用する種子生産にコミットすることが当たり前のこととして行われた事例である。

一方で、農家の立場や農家の自主性を重視する立場からは、国の主導による品種の誘導には疑問が投げかけられている。すなわち、農家が品種を選んでいるのではなく、流通の都合を中心とした農政による品種誘導への鋭い批判である。現代的に解釈するならば、農民の権利や食料主権の考え方を、村で生活をする視点から表現したものと考えられる。農民の権利としての自家採種や種子の交換、地域内の増殖の重要さを再確認しており、種子のシステムの観点から見ると、過度なフォーマルシステムへの依存への異議申し立てとも見てとれる。

守田（1978: 100-125）も、近代育種によって農業は進歩したのではなく、国家統制による品種統一の中で農家と品種の関わりが消えていったことを指摘し、品種づくり品種選びの自由を農民・集落が取り返すことによって、田畑でたくさんの種や品種の作物を作ることが可能となり循環型農業となると述べている。育種を農民が取り戻すというパラダイムの転換、または先祖がえりがここでも指摘されている。

このように、「農民の権利」という国際的概念や用語と全く離れたところでタネが継がれてきたこと、そのような農家を評価する種子に関する議論が一九七〇年代から日本において幅広く行われてきたことから、種子の持続性確立に何を学べるのであろうか。

有機農家同士の種苗交換会を導いてきた実践者の林は、地域における在来品種の囲い込みを商標登録によって行うことに苦言を呈している(林 2018)。品種登録できないため、だれでもが自家採種できるにも関わらず、その地域以外では栽培できないかのように宣伝し、また、その名称を名乗っての販売が制限されることを問題としている。これは、企業による種子の囲い込みを批判して、地域内の種子の権利を主張し、法制度を構築して囲い込もうとしている権利論を、実際に種子を採っている立場から批判したものと理解できよう。

第4節　もう一つの生物学的認識——オートポイエーシスと社会システム論

環世界が描く生物的な認識論と類似の考えを示す枠組みに、生物学者であるマトゥラーナとヴァレラの提唱したオートポイエーシス論がある。オートポイエーシスを字義通りに解釈すると、自己創造・自己産出と訳すことになるが、彼らは単なる創造・産出ではなく、そのような動作を起こす単位、すなわち有機体なりそれを構成する細胞なりが展開する動的な(持続する)過程を意味していた。オートポイエーシス的単位である生命とは、そのシステムを作動させる原理を自ら生み出すものであり、自律性、個体性、境界の自己決定、入出力の不在で特徴づけられるとした。入出力の不在とは、オートポイエティックな産出関係に、外部の入出力が影響しないという意味である。

複数のオートポイエーシス的単位は、各々のオートポイエーシスの回路が補正可能なかく乱の源泉である限り、同一性を失うことなく相互作用することが出来る。こうして新しくできた複合システムがオートポイエーシス的性質を持つとき、より上位の新しいオートポイエーシス単位となり、もともとの単位は包含される。すなわち、もともとのオートポイエーシス的単位の同一性に変更がなくとも、必然的に構造の変容が伴い、反復的な外的かく乱に対応する構造的選択過程として実現される。オートポイエーシスの変化の回路が、何らかの局面で他のシステムの実現に参加することが出来るならば、オートポイエーシス的単位は、他のオートポイエーシス的単位の構成要素となることが出来る(土谷 2004: 115-116)。筆者は、ここに、コミュニケーションと創発の可能性があると考えている。

生物学者であるマトゥラーナらは、二つの実験を通じて、動物が「見ている」世界は、機械であるカメラがとらえる世界とは異なることを明らかにした。すなわち、例えば、カエルの網膜細胞はすべての現象に反応しているわけではなく、特定の刺激に選択的に反応している。有機体(生物)は、それぞれにふさわしい視覚機能を選択的に獲得している。同じ世界を見ていても、カエルが見る世界とハエが見る世界は異なる。もう一つの実験では、ハトが認識する色彩は四色から構成され、ヒトが見ている色彩(三色から構成)とは異なる可能性が示唆された。このような実験を通じて、マトゥラーナは、「有機体は、自分自身が存在する環境にふさわしい作動を行う構造を持っているという事態は、いかにして生じるのか」という問いを立てたことに注目しておきたい。

社会システム論と「再参入」概念

本節の最後に、社会学の歴史を学ぶ人間にとって有名なハーバーマス・ルーマン論争で知られているニクラス・ルーマンの社会システム論について紹介したい。オートポイエーシスの概念は、ルーマンによって、社会学に応用され、社会科学分野でも特に認知に関する議論で利用されている。ハーバーマス・ルーマン論争は、筆者もその原著には目を通しておらず、詳細を論じることはできないが、大澤（2019: 530-533）によると、二人の社会分析の方法論および社会理論の違いが指摘されている。

ハーバーマスは、「正義にかなった公平な社会を目指す」のが社会理論だと考え、ルーマンは、「どのような社会が善いか悪いか、どちらが正義にかなっているかいないか」については直接議論しないで、社会がどのように秩序を維持しているかを記述することを重要とした。イデオロギーや価値観からの自由を求める態度と言える。そして、一般に言われている「人間」ではなく、「コミュニケーション」を社会の要素の基本に置いて、社会は「コミュニケーション」がコミュニケートすることによって成り立っているとした。抽象的な概念であるが、これを筆者は次のように考える。すなわち、社会にとって、または社会のシステムの維持にとって重要なのは、だれが存在しているかではなく、なにがやりとりされているかということである。観察の対象となっている社会システム（たとえば、政治システムや経済システムのようなサブシステムを含む）にとって関連するコミュニケーション以外は、システムは無関心であると解釈される。

ルーマンを批判的に参照し、「コミュニケーション」は四つの選択の総合であると大澤は解説している。すなわち、コミュニケーションされる内容（オブジェクト）は、送り手にとっては伝達される「情報」であり、受け手にとっては「理解」である。ただし、やり取りする主体の意図（メタレベル）を考えると、送り手は「伝達」を目的とし、受け手は「受容・拒絶」の選択を迫られる。社会システムが安定している状態では、多くの場合、このコミュニケーションが持続的に展開されていく。それは、言い換えると、社会システムの複雑性が減少している状況と言える。社会システムは、それを取り囲む「環境」と比較して複雑性が乏しくなっており、ルーマンはこの複雑性の減少を社会システムの進化と定義している。しかし、同時に、この複雑性の減少には、システム自身の複雑性が前提となっている。すなわち、政治経済的システムだけで議論している限りは、生物学的な本質を見ることができないのは、安定して見える社会システムの中での議論にとどまるからと言えよう。

現代社会は機能的に高度に分化したシステムであり、それぞれのシステム間、本書の科学技術論の議論でいうなら、科学システムと政治システムの間では、独立的な判断がなされる点である。

ルーマンは、システム間のコミュニケーションの可能性を議論するために、偶有性（Kontingenz/contingency）という概念を導入している。すなわち、不可能性と必然性の両方を否定することによって、現在存在している社会システム以外の存在可能性を示唆している。偶有性の考え方自体はかなり普遍的なものであるが、ルーマンの考えは、二重の偶有性　私の選択が他でありうるだけでなく、私と関係している他者の選択も他でありうるという二重の偶有性を重要視していることに特徴がある（同書：558）。

異なる主体者間のコミュニケーションの可能性に関して、偶有性の次に重要な概念が、「再参入」である。石井（2018）は、「再参入」の概念を、私たちが生きている現在の経験と結び付ける議論を展開している。まず、システムがシステムとして存在するためには、境界を作り、自己と自己でないものとの区別が出来なくてはならない。そして、その区別が作動することは、システムの持続性に繋がる。「システムと環境の差異は、一つの作動が同じタイプに属する後続の作動を生み出すというただそれだけの事実から生じる」。それに対して、「再参入」という概念における区別は、持続するシステムが行っている区別ではなく、システムを持続させるために行っている区別、別の言葉で表すなら「制御」のための区別である。一人の人間にあてはめるなら、漫然と生き続けるのではなく、自覚的に、目的と選択肢を持って生きるには、いま何をし何をすべきでないかを明確にしなければならず、そのために「再参入」が必要とされる。石井はこのことを次のように説明する。「最初の区別はシステムと環境の区別であり、二番目の区別は、（観察）システム内部における（観察）システムによる区別である。あるシステムが区切る区別と、それを観察するシステムが区切る区別は別であり、後者が前者に再参入されたとしても、両者は別のものである。」システムがシステムであるためには、自分が環境から区別されたシステムであることを知る必要はないが、自分がそのようなシステムであることを知るためには、「システムの内部でシステムを観察する観察者」が必要であり、そのプロセスが再参入と考えられる。

本章の最後に、再参入を説明するエピソードを紹介したい。筆者が二〇二〇年、コロナ禍の中で訪問研究員としてお世話になっている英国コベントリー大学アグロエコロジー・水・レジリエンス研究センターは、科学・実践・運動をつなげる環境及び社会の持続性を目指す研究を行っている。敷地内には、ファイブエイカー・コミュニティ・ファーム（ＦＡＣＦ）という地域支援型農場も運営され、年間１５０品種以上の野菜栽培を行い、多様な作物を市民が楽しみながら体験利用する仕組みを作っている。消費者（メンバー）は毎年決まった金額を先払いすることによって農場が再生産可能な形で食料生産に関わり、収穫物の配分を受けるだけでなく、ボランティアとして栽培や収穫作業を農場スタッフの指導を受けながら行うこともできる。有機農業の民間研究機関に長く関わってきたＦＡＣＦスタッフは、「『食料主権』のような権利を主張するのは一般市民には受け入れにくい考えであり、地域で新鮮な旬の野菜を生産することの実践こそが食料安全保障及びコミュニティのアイデンティティにとって最も大切である。」と説明する。法律や制度・イデオロギーの喧伝ではなく、地域コミュニティにおける多様性利用実践を中心にコミュニティメンバーの環世界の中に認識される情報を出すことで、結果として、組織が目指している「食料主権」のようなイデオロギーの実践にも繋がる。コロナウイルスの蔓延により、国境を越える広域物流や家庭用食品パッケージ供給に支障が出ている状況で、自分の住んでいる地域で新鮮な野菜が供給されることに市民が安心感を得ている。自分の収穫物をファームに受け取りに来る際に、スタッフや他のメンバーと屋外で言葉を交わすことも、コロナ禍における外出規制の中で重要な社会的関係維持の場所と機会を提供しており、メンバーの環世界に農場の意味付け情報が入り込んでいることが観察された。最後の章で議論する、環世界に基づく、コミュニケーションの可能性と、持続可能な食と農のシステムへの貢献可能性につながるエピソードである。

5 食と農の知識を紡ぐ環世界

食と農の安全や安心についての知識には当然科学技術に関するものが含まれるべきであろう。それは、一定程度の客観性を持つものである。また、農家や消費者が、食と農に関して考える時に、「食料主権」という主体的な権利は重要な概念であるし、農家の営みにとって、「農民の権利」の概念に含まれるような種子の自家増殖の権利も大切である。人権概念は、時代とともに拡張され、人間の尊厳を維持することに大きく貢献している。それでも、食と農という、ある意味では基本的人権の一部とされるような行為に関して、人権とは異なる思想があったのではないだろうか。単に権利を拡大強化するだけではなく、権利概念の土台となる伝統的な農の営みに根ざしている農家の環世界に立ち戻ることが今求められているのではないだろうか。

この原稿を書いているときに、「天地有情の農学」（宇根 2007）を提唱されている百姓の宇根豊さんと意見を交わす機会があった。その中でおっしゃったことは、ＳＤＧｓ（持続可能な開発目標）のような国際的合意は考え方としては多くの人の賛同を得ているが、「陸の生物多様性を守ろう」などという言葉が、どれだけ一人一人の環世界の中に入っているかは大いに疑問であるということだった。４章２節３節で紹介したように、農家自身が作物との対話の中で認識した環世界こそが「作物の声が聞こえる」ということだと考える。作物の側も人間の声を聞いているのかもしれない。こんなことを考えながら、環世界から紡ぎ出される食と農の知識とコミュニケーションについて、最終章で論じる。

第１節　環世界を広げる

作物の種子は生きているものであり、作物は野生生物とは異なり、人間にその生存を委ねていることから、人間が何らかの形で管理に関与しなければ、種子は消えてしまう。特に、「在来作物は、親から子へ、子から孫へと代々にわたり種苗保存の方法が地域や農家で受け継がれ、なつかしくて新しい・個性的・心の交流を実現・地域の食文化を現す。」と言われている。（江頭 2016）

地域のアメニティの本質である環境は本来非移転性という性質を持っており、さらに地域の多様な関係者のネットワークや信頼関係というソーシャルキャピタルも個別的である。そのような個別性を踏まえた作物遺伝資源の管理は、地域固有の資源を、地域の住民がコミュニティとして、明示的な参加ではなくとも、地域固有の社会的な方法で持続的に使用できる、人間と自然、人間同士の関係を発展させていく作法の成立を目指すものであろう。農業の思想について研究する農学原論の研究者であり、アフリカ農業にも詳しい末原(2004: 265-267)は、経済・社会学的解釈から農業を、食物を商品として生産し販売する農業と、土地に根差し風土の中ではぐくまれ、その土地の人々の胃袋を満たし、生命を育む農業とに分けている。生命を育む農業においては、種子は必ずしも投入財として把握されているわけではない。作物をもの（財）ではなく生き物として捉えるときに、（種子はものではなく：筆者加筆）同じ生き物同士として相手本位になり垣根が低くなる（宇根 2018）とまで言う農学者も存在する。

種子を資源として捉え、種子に対する所有権を求めてしまっている権利議論では、作物をコントロール可能な財として把握し、ライフサイエンスパラダイムを基盤とする議論に取り込まれてしまう危険が大きい。エコロジーパラダイムが必要とされる多様かつ脆弱な環境におかれている国内外の農村において、規範的な目的としての権利だけではなく持続可能な社会を実現する過程（プロセス）としての種子の管理が、関わるステークホルダーに広く認識されるときに、農の営みにおける実践と権利枠組みとの対話・統合が実現すると考えられる（**表3**参照）。

農業史の研究者藤原（2014）は「種子は、それが播かれる土地の食、風景、虫の増減、生態系を大きく変える恐れがあるから、決して

表3　農業の異なるパラダイムと種子の位置づけ

	生産主義パラダイム	ライフサイエンスパラダイム	エコロジーパラダイム
種子の位置づけ	生産に不可欠の投入財	投入財 遺伝情報	投入財 いのちを継ぐもの
種子開発と技術	高収量品種と化学肥料・水管理	ハイブリッド 遺伝子組換え	有機農業 自然農法
種子に対する権利	品種登録	育成者の権利 品種登録＋特許	農民の権利 農民の特権
農家のイノベーション	研究機関からの技術普及	企業による技術販売	伝統的知恵と科学技術の融合
用いられた年代（おおよそ）	メンデルの法則再発見以降 （特に20世紀後半）	1990年代以降 （遺伝子組換えの一般化）	1970年代以降（代替的農業・アグロエコロジー運動・有機農業など）

出典：Lang and Heasman（2004）、古沢（2015）、宇根（2018）を参考に筆者作成

上から強圧的に播かれるべきものでも、改良されるべきものでもない。なにを播くか、それは種子の本来の性質からして、その土地に生きる人々の協議やそれに基づいたルールでしか決めることはできない。そのため、種子の担い手には、国家よりも地域、グローバル企業よりも地域の種苗家こそふさわしい」と語っている。さらに、「改良された種子は、だれのものでもない。『改良者』は、人間だけではないからだ」と改良者としての地域自然にふれたうえで、「よい種子であれば、それは別の土地の作物の改良にも役立つので、いつでも交換しやすいようにしておかなくてはならない。別の土地との関係を良好に保つことにも役立つ。昔からなされてきた種子の交換は、種子の特性を活かした行為である」と展開している。このような農民の実践を担保する社会的能力を構築する政治経済学的議論を行うためにも、農民（作物を直接観察している当事者）の環世界を認め、その当事者が発信する情報や創り出す知識のコミュニケーションを増やしていくことが重要である。

私たちが知識を創出するためには、情報を外界から取り込んで、それに意味付けをするという作業を行っている。私たちが認識できる外界は、客観的に存在する環境ではなく、一義的に私たちが生きていくのに必要な仕組みとして生物学的に埋め込まれている枠組みによって認識される環世界である。この環世界認識の範囲は、本質的に閉ざされたものであり、これを開くことは一般的には非常に困難なことである。また、実際、ルーマンは、自らのシステムと他のシステムとのコミュニケーションが成り立ったように見える場合も、その実態は、自らのシステムの中に閉じていることから、新しいシステムを作り出しているとは見られないと判断している（石井 2018）。しかしながら、筆者は、システム間のコミュニケーションを成り立たせるメタシステムのような概念を導入することで、このようなシステムの変化が可能であるという立場を取ることも可能ではないかと考えている。そのための他者とのコミュニケーションが一定程度可能であるためには、複数の環世界の並立を認めることが必要である。

科学、特に生物学において「生命誌観」という概念を提起する中村（2016）は、学習指導要領の理科の目標にあった「自然に親しみ」「自然を愛する」という表現は機械論的世界観から見た場合に科学的ではないが、生命論的世界観からは大事であると述べている。科学者が、学問だけでなく日常と思想・文化を持った人間として科学を進めていくことが生命論的科学観に繋がる。科学の側が社会との関わりで大事なのは科学の成果をどう伝えるかではなく、科学そのものが変化しそれを支える世界観も変化していることを認識することである。また、科学者は社会ではなく内からの欲求で動くとも述べており、独自の環世界を持っていることを示唆している。そして、自然に親しみ、自然を愛しながら、科学を愛している世界観を持つ先人として、宮沢賢治と南方熊楠らから学ぶことが多いとも述べている。生命誌とは、主体と客体が明確な生命科学とは異なり、日常と思想のある人間として、生き物が持つ構造と機能のほかに、関係と変化をみていくコミットメントあるいは体得があることを説明している。彼女が「生命誌観」として提示したいことは、本論で議論していることとの関連では、個人の世界観、生物との関係性が「（新しい）科学を進めていく」出発点であり終着点でもあるということであろう。

美学の研究者伊藤（2015: 34）は、目の見えない人の見ている世界を描写することを通じて、異なる能力を持つ人間の環世界について考察している。生き物が、無味乾燥な客観的世界に生きているのではなく、自分にとって、その時々に必要なものから作り上げた一種のイリュージョンの中で生きていると描写している。

さらに、伊藤（2015: 153-188）は、目の見えない人の美術鑑賞の仕方の一つであるソーシャル・ビューという手法を紹介している。ソーシャル・ビューとは、目の見える人と目の見えない人が一緒に美術館の作品を鑑賞するワークショップである。当然ながら、目の見える人が認識する環世界としての美術品と目の見えない人が認識する環世界としての美術品は異なる。興味深いのは、異なる性質を持つ、従って異なる環世界を持つ主体者が、ともに美術鑑賞を行うことによって、両者の環世界に変化が現れることである。通常美術館での作品鑑賞は声を出さずに行われるので、個人的・内向的な経験になりがちだが、ソーシャル・ビューでは積極的に声を出して他者とやりとりをしながら作品を鑑賞するという。けっして、「見える人による解説」ではなく、「みんなで見る」経験と説明されている。このワークショップの注意事項で特筆すべきは、「鑑賞するときは、見えているものと見えていないものを言葉にする」作業で、見えているものとは、一般に言われる客観的な情報(大きさ、色など)で、見えていないものとはその人にしかわからない思ったことや思い出した経験など主観的な意味と言える。客観的な情報や正しい解釈は、見えない人も既存の解説などを参照すればいいが、それは情報の蓄積であって、当事者による鑑賞ではない。

情報を得るために美術品を見ることは鑑賞ではなく、得た情報、というよりはその情報を得る過程を通じて「よかった」と感じる(伊藤は、ご利益と述べている)ことが鑑賞の意味であるなら、目の見えない人も美術品の鑑賞は可能になるという発想がこのソーシャル・ビューの背景にある。言い換えると、美術品の鑑賞とは、ある作品を自分で作り直すこと(伊藤 2015: 178)であり、多くの人が思っている正解のある見方や作者や批評家が教えてくれる見方からの解放である。目の見えない人は、視覚的に得られる情報が限られている、またはないために、言葉から得られる断片的な情報から推理をして作品を鑑賞する柔軟さを持ち合わせており、その柔軟さを通して表現された作品の内容を目の見える人が受けとめたときに、他人の目で物を見る、すなわち他者の環世界を創造する経験ができるのである。

このような経験を伴い、意味を持つ情報の創出には、環世界の存在を認めることが大きな役割を果たす可能性がある。繰り返しになるが、自分の見ている世界と、他者が見ている世界は、異なり、それぞれが対等に価値を持つことが前提であれば、他者の環世界を垣間見ることを通して自分の環世界を変化させる可能性が広がる。その際に、環世界が、自らの体感に基づくものである場合に、その真正性が担保されていることが大切ではないだろうか。

先に引用した生命誌研究者の中村（1993）は、「理性よりも大きな概念としての《生命》が時代の理念となるときが来た。」と述べている、また、上述したユクスキュルの著作の訳者の入江と寺井はそのあとがきで「もはや理性至上主義の時代は過去のものとなった。人間中心主義の跋扈する時代も過去のものとしなければなるまい。」と述べている。

ネーゲル（1989b）が言うように、「（ある）出来事を体験たらしめている性質が存在するのは、その出来事を持つようなタイプの存在者の観点にとってだけなのである。」自分自身を超越する客観性を希求する衝動はとても大きく、客観性というものに限界があることを認めることは困難であろうが、主観的世界観と客観的世界観はいずれも他方を含み込みえないことを認めつつも、その存在を受け入れあうことは、創造的であると結論付けている。間違っているのは、究極的な統一という目標であり、このような目標が暗黙的に前提とされる限り、正邪や善悪の価値判断がお互いを傷つけあう社会からの脱却は望めない。

第2節　妄想か、それとも未来につなぐ知識の創出か

ここまで本書で述べてきた論点の展開を図に示してみた（図4参照）。食の安全・安心の議論は、当初は科学技術によって解決できるものと考えられていた。しかしながら、私たちの実社会における科学技術の実装を考えると、科学そのものには問えない問題が多数あるというよりは、大勢を占めることが明らかになっている。民主的な、参加型方法を用いて、科学技術を社会の中に実装していこうとする試みは重要であり、科学技術社会論はそのような試みを実践してきたものとして高く評価できよう。しかし、それでも、異なる多様なステークホルダーが関与する際に、それぞれのステークホルダーが持つ環世界の違いというコミュニケーションの不可能性に直面する。「環世界」の考え方は、人間が物理化学的な生物としての存在だけでなく、自らが体感していないことを科学技術等を用いて想像し、知識を得たうえでコミュニケーションを拡げていく、拓いていく可能性を持っていることを示唆する。その可能性を高めるには、まず、人間の生物としての認識である環世界をコミュニケーションのスタートラインに持ってくることが望ましいというのが本書の示そうとした仮説であった。これは4章で紹介した安富（2013）の提示する「合理的な神秘主義」の概念とも重なる。最後の節では、このような筆者の越境した妄想に近い議論を、少しオーソドックスな社会科学の議論に戻して整理したい。

本書で述べたような農家の営みや当事者の言葉を基にして、事象や社会を捉えようとする視線や考え方は、社会発展の歴史分析の観点からは内発的発展論と呼ばれる開発・発展論の、食と農に関係する事象認識とコミュニケーションへの応用とも考えられる。一連の研究の中で、特に農業・農村を重視した中村（1989）は、人間と人間以外の

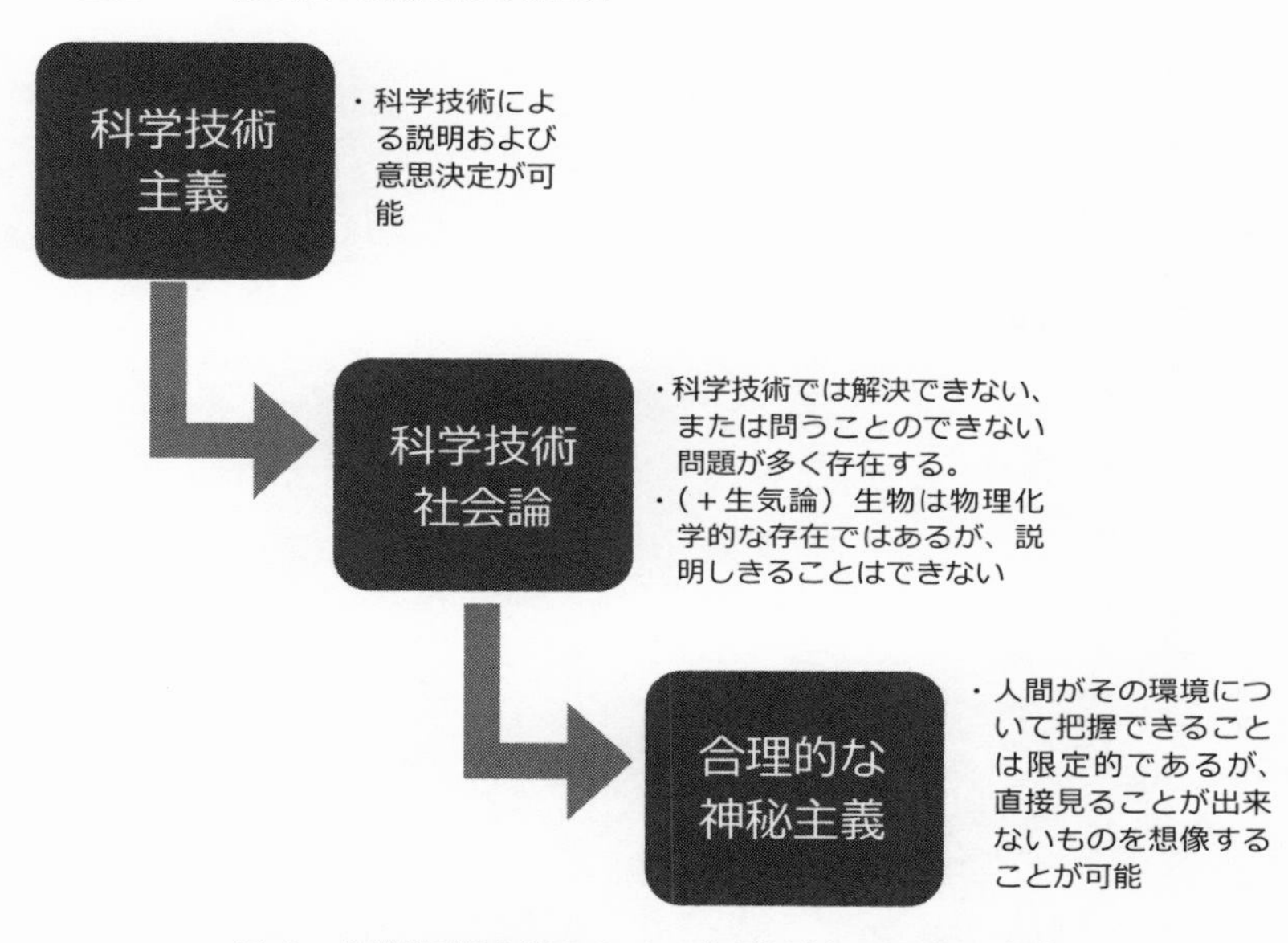

図４　環世界概念導入による知識創出の源泉の変化

共生関係を特質とする農業は、その共生を可能とする空間や時間によって制限され、人間がこのような空間や時間の構造を長年にわたって変容させてきたことを指摘している。このような変容の過程が、地域に住む人々の生活の質の向上にどのように役立つかに注目する必要がある。

このような見方を国際的な地域研究に繋ぐ視点として、長くエチオピアで地域研究を行ってきた重田(1994)は、アフリカの農業を理解する際の視点として次のような根源的課題を提示している。すなわち、一九七〇年代以前は、混作をはじめとするアフリカのいわゆる伝統的農業は、農民が無知であるがゆえに有効な土地利用が行われず生産性が低いと理解されていたものが、実は、農民が行ってきた伝統的な耕作方法が科学的見地から見ても極めて合理的であり、土地や土壌水分を有効に利用し、病害虫防除にも適していることが徐々に明らかにされてきた。この変化自身は、アフリカの農民を積極的に評価するという意味では一定の進歩と考えられるが、農民の合理性を評価した指標そのものが西洋的な科学的合理性（水資源・土地資源・労働資源等の効率的利用）にその根拠を置く限りにおいて、アフリカの農民が持つ固有の知恵の存在を軽視している可能性がある、という考え方である。農業における内発的発展を議論し実現するためには、多様性にあふれ、限定された条件下にある「場」（祖田 2010）の多様な開発を行う知識の理解としくみの創造が必要である。

人間は、自分が生物として体感できることからしか、知識創出を始められないというのは、悲観的に聞こえるかもしれない。しかし、科学という手段を持つことによって、人間が生物として備えている五感では触れられない世界を解き明かしてきた歴史に未来の楽観的展望を見出したいと筆者は願っている。繰り返しになるが、チョウが観ている紫外線を人間が観ることは不可能であるが、私たちは紫外線という光が存在していることを知っている。この、感じることができることと、知っているということの違いを、知識の創出と普及にどう生かすかということが解くべき課題なのである。

インドにおけるアーユルヴェーダに関する伝統知の知的所有権について人類学的研究を行った中空（2019）は、その研究の発端となったエピソードを次のように記している。

「列車で偶然隣り合わせたインドの紳士たちの言葉を思い出したい。彼らはなぜ「インドの農民の権利を守ることは重要」「モンサントをはじめとする製薬会社はインドの権利を侵害している」と主張しつつも、「本当は知的所有権なんて発想はインドにはそぐわない」「知識を持っているなら分け与えるのが基本」という、それとは一見矛盾するような見解を同時に示していたのであろうか。」この問いに対する答えとして、排他的私的所有権を基礎づける古典として知られるロックによる労働所有理論を参照する。ロックにとっての所有権は、過去に資源に対して付加した価値に対する権利というだけでなく、価値を生み出し続ける、未来へ向けた継続的な責任と義務でもあるという総合的な見方、特に後者の部分が見落とされているという。中空は次のように続ける。「今考えるとそれは矛盾でもなんでもなく、「過去の労働に対する正当な権利」としての知的所有権が前提とされる場面で捨象されてしまうもう一つの所有の側面、つまり責任や義務としての所有のあり方の正しい強調だったのだ。」

このような思考を行った結果、中空は、（インドの）生物資源の領域に知的所有概念が持ち込まれたときの関係者の「包摂」と「排除」がどのように起こるのかという問い自体が、権利概念にとらわれてしまっているかもしれないとふりかえる。そして、知的所有権の「未来に向けた責任と義務」の側面に注目した時に、関係性を切断するのではなく、創造する装置にもなりうる可能性を指摘している。異なる環世界の存在を認識し、その間に上下関係や部分・包括の関係を見出すのではなく、単純に並列を行うことで、システムの外に開かれたコミュニケーションの可能性を、自らの納得という、個人的・主観的評価で表現している。

末原（2009: 257-263）は、人間にとって食料が重要であり、日本の社会の長期的な持続性を保障するためには、食料生産を経済的・政治的・社会的に、理念と価値観をもって位置付けていくことが重要だと述べている。「食」は文化として広く認識されているが、その食を支える農業も食の文化と強い結びつきを持っている文化と考える必要を訴えている。そして、人々が、食品の安全や食料の質に過剰に関心を寄せるのは、この「食」が文化であることを理解していないことが理由であろう。ここでいう文化とは、特に形式化された大仰なものではなく、人と自然との相互関係の作法の中で形成されてきた、それぞれの土地に固有のあたりまえのものであるとともに、その形成のプロセス自体はシステム間のコミュニケーションという意味で、ある程度の普遍性を持つものである。この過程は、4章（74ページ）の冒頭で紹介したポランニーの暗黙知（= tacit knowing）の形成過程ともいえる。

「環世界」の考え方を知ること、特に、他者が自分とは異なる「環世界」を持っており、その他者の「環世界」を自分は体感することはできないが、自分のイリュージョンの範囲内においてはその世界を一定程度想像することができることが、創発を導くような他者とのコミュニケーションを可能にする必要条件であろう。十分条件が何かを議論することは筆者の能力を超えているため、本書では直接触れることはできなかった。ただ、一つの可能性として、食と農に関しては、実際に作物に向き合い、その作物の命の継続を観察している種子を採る人たちの「環世界」を、知識創造の原点に置くことが、食の安心・安全に右往左往し、国際的な政治経済システムへのイデオロギー的嫌悪感で思考停止する現代の日本社会の未来に微かな光を見出す可能性と信じている。

参考・引用文献

まえがき

武田砂鉄　2015「誰がハッピーになるのですか？　大雑把なつながり」　武田砂鉄　『紋切型社会　言葉で固まる現代を解きほぐす』　朝日出版社　20章　268-282
久松達央　2014『小さくて強い農業をつくる』　昭文社

序章

秋津元輝・佐藤洋一郎・竹之内裕文　2018『農と食の新しい倫理』　昭和堂（参考文献）
檜垣立哉　2018『食べることの哲学』　世界思想社
桝潟俊子・谷口吉光・立川雅司　2014『食と農の社会学』　ミネルヴァ書房（参考文献）
ユクスキュル、ヤーコブ　フォン　2012『生命の劇場』　入江重吉・寺井俊正訳　講談社　（原著　Jakob von Uexkull 1950 Das allmachtuge Leben, Christian Wegner Verlag, Hamburg）

1章

尾内隆之　2017「科学の不定性と市民参加」　本堂毅・平田光司・尾内隆之・中島貴子編　『科学の不定性と社会―現代の科学リテラシー―』信山社　第12章　169-184
大塚善樹　2014「近代科学技術―科学的生命理解の視点から」桝潟俊子・谷口吉光・立川雅司編『食と農の社会学』　ミネルヴァ書房　91-108
佐藤眞一　2011　社会技術研究開発事業　研究開発プログラム「コミュニティで創る新しい高齢社会のデザイン」平成22年度

採択プロジェクト企画調査終了報告書
菅洋　1987『育種の原点　バイテク時代に問う』　農山漁村文化協会
髙橋久仁子　2016『「健康食品」ウソ・ホント　「効能・効果」の科学的根拠を検証する』　講談社
長村洋一　2009「「ヤマザキパンはなぜカビないか」論に見る一般人に対する騙し行為」『日本食品安全協会会誌』　4巻1号　45-54
バイテク情報普及会WEBサイト　https://cbijapan.com/about_cbij/　二〇一九年一二月一二日アクセス
平川秀幸「遺伝子組み換え食品規制のリスクガバナンス」藤垣裕子編　2005『科学技術社会論の技法』　東京大学出版会　第6章　132-154
松永和紀　2010『食の安全と環境　「気分のエコ」にはだまされない』日本評論社　201
松永和紀　2017『効かない健康食品　危ない自然・天然』　光文社
村上道夫・永井孝志・小野恭子・岸本充生　2014『基準値のからくり　安全はこうして数字になった』　講談社
緑風出版HP　http://www.ryokufu.com/isbn978-4-8461-0803-8n.html および http://www.ryokufu.com/isbn978-4-8461-1509-8n.html
ヤマザキ製パンオフィシャルサイト　https://www.yamazakipan.co.jp/oshirase/index2.html#q01_2
ユクスキュル　2012　序章文献参照

2章

池上甲一　2019　「SDGs時代の農業・農村研究―開発客体から発展主体としての農民像―」『国際開発研究』28巻1号　1-18
尾花恭介・藤井聡　2016　「公共事業の受容判断状況の違いによる情報探索行動の差異：廃棄物処分場建設の受容場面を題材として」『人間環境学研究』14(1) 3-8
蔵田伸雄　2006　「遺伝子組換え技術に関する「科学の外側」の問題」『化学と生物』44巻7号　481-485
小林傳司　2009　「社会の中の科学知とコミュニケーション」　日本科学哲学会第42回(二〇〇九年度)大会(二〇〇九年一一

月二二日）資料
小林傳司　2010「社会のなかの科学知とコミュニケーション」『科学哲学』43巻2号　33-45
社会技術研究開発センター　2011『科学技術と知の精神文化〈2〉科学技術は何をよりどころとし、どこへ向かうのか』丸善プラネット
鶴岡義彦　2019a「理科教育の価値、教育界の動向、そして科学的リテラシー」鶴岡義彦編『科学的リテラシーを育成する理科教育の創造』大学教育出版　序章　1-12
鶴岡義彦　2019b「科学的リテラシーとＳＴＳ教育との結合」鶴岡義彦編『科学的リテラシーを育成する理科教育の創造』大学教育出版　2章　32-49
鶴岡義彦・小菅諭・福井智紀　2019「純粋自然科学の知識があればＳＴＳリテラシーもあると言えるか」鶴岡義彦編『科学的リテラシーを育成する理科教育の創造』大学教育出版　6章　104-127
遠西昭寿・福田恒康・佐野嘉昭　2018「観察・実験に対する理論の優先性と解釈学的循環」『理科教育学研究』59巻1号　79-86
平田光司　2017「科学の卓越性と不定性」本堂毅・平田光司・尾内隆之・中島貴子編『科学の不定性と社会―現代の科学リテラシー―』信山社　1章　5-20
橋本道夫『私的環境行政』朝日新聞社　1998　126-127
久野秀二　2017「遺伝子組み換え作物の正当化言説とその批判的検証」『農業と経済』83巻2号　62-74
広重徹『近代科学再考』朝日選書　1979
藤垣裕子　2018『科学者の社会的責任』岩波書店

3章

今泉晶　2016『農業遺伝資源の管理体制　所有の正当化過程とシードシステム』昭和堂
農文協論説委員会　2019「国連「小農宣言」が明記した「種子の権利」を考える」『現代農業』98巻2号　312-317

西川芳昭　2019「持続可能な種子の管理を考える―権利概念に基づく国際的枠組みと農の営みに基づく実践を繋ぐ可能性」『国際開発研究』28巻1号　53-70
林重孝　2018「在来品種、登録切れ品種の採種は自由だ」『現代農業』2018年6月号　324-325
久野秀二　2011「国連『食料への権利』論と国際人権レジームの可能性」村田武編著『食料主権のグランドデザイン：自由貿易に抗する日本と世界の新たな潮流』　農山漁村文化協会　161-206
久野秀二　2014「多国籍アグリビジネス―農業・食料・種子の支配」桝潟俊子・谷口吉光・立川雅司編　『食と農の社会学』　41-67
久野秀二　2017「Food Sovereigntyから見る日本、日本から見るFood Sovereignty」(FEAST Food Sovereignty Seminar #2, 二〇一七年二月二八日配布資料)(https://www.researchgate.net/ 二〇一八年九月一五日閲覧)。
FAO, 1996, "Report on the State of the World's Plant Genetic Resources for Food and Agriculture"(『食料・農業のための世界植物遺伝資源白書』(日本語版：国際食糧農業協会))
Nyeleni, 2007, " Declaration of the Forum for Food Sovereignty accessed Mar 10, 2011" http://www.foodsovereignty.org/public/new_attached/49_Declaration_of_Nyeleni.pdf (二〇一八年一二月二八日アクセス)

4章

石井史比古　2005「オートポイエーシスの含意」『一橋論叢』133巻2号　218-237
石井史比古　2018「ルーマン理論の「再参入」概念の経験的考察」『都留文科大学研究紀要』第87号　129-156
岩崎政利　2006「種採りは自給の出発点」中島紀一編『いのちと農の原理』コモンズ　105-122
岩崎政利　2013「種をあやし、種を採るなかで感じる小さな粒の神秘性、すばらしさ、大切さ」西川芳昭編『種から種へつなぐ』創森社　196-208
大澤真幸　2019『社会学史』講談社
岡本よりたか　2019「採種権利を守るためにできること―種は誰のものか？」　たねと食とひと@フォーラム　2019年度

総会『記念講演&主要農作物種子法廃止法施行後の措置に関するアンケート結果報告書』13-22
河野和男　2002『"自殺する種子"―遺伝資源は誰のもの？』新思索社
菅洋　1987　1章文献参照
土谷幸久　2004『オートポイエーシス的生存可能システムモデルの基礎的研究』学文社
西川芳昭　2017『種子が消えればあなたも消える』コモンズ
ネーゲル・トーマス　1989a「コウモリであるとはどのようなことか」永井均訳『コウモリであるとはどのようなことか』258-282（Thomas Nagel, Mortal Questions, Cambridge University Pres, 1979）
林重孝　2018　3章文献参照
檜垣立哉　2018『食べることの哲学』世界思想社
日高敏隆　2007『動物と人間の世界認識―イリュージョンなしに世界は見えない』筑摩書房
日高敏隆　2013『世界をこんなふうに見てごらん』集英社
藤本文弘　1999『生物多様性と農業』農山漁村文化協会　243頁
増田昭子　2013『在来作物を受け継ぐ人々―種子（たね）は万人のもの』農山漁村文化協会
三浦雅之・三浦陽子　2013『家族野菜を未来につなぐ　レストラン「粟」がめざすもの』学芸出版社
守田志郎　1978　農業にとって進歩とは　農山漁村文化協会
安冨歩　2012『原発危機と「東大話法」―傍観者の論理・欺瞞の言語』明石書店
安冨歩　2013『合理的な神秘主義　生きるための思想史』青灯社
ユクスキュル　2012　序章文献参照

5章

石井史比古　2018「ルーマン理論の「再参入」概念の経験的考察」『都留文科大学研究紀要』87集　129-156
伊藤亜紗　2015『目の見えない人は世界をどう見ているのか』光文社新書

宇根豊、2007『天地有情の農学』コモンズ
宇根豊、2018「農の底に流れる精神性の豊饒さ：新しい農学を開く」『有機農業研究』10巻1号、36-48
江頭宏昌 2016『人間と作物 採集から栽培へ』ドメス出版
重田眞義 1994「科学者の発見と農民の論理—アフリカ農業のとらえ方」井上忠司・祖田修・福井勝義編『文化の地平線』世界思想社 455-474
末原達郎 2004『人間にとって農業とは何か』世界思想社
祖田修 2010『食の危機と農の再生 その視点と方向を問う』三和書籍
中空萌 2019『知的所有権の人類学—現代インドの生物資源をめぐる科学と在来知』世界思想社
中村桂子 1993『自己創出する生命—普遍と個の物語』哲学書房
中村桂子 2016「科学者は人間である—生命誌の観点から—」国立研究開発法人科学技術振興機構社会技術研究開発センター編『科学技術と知の精神文化VI 現代日本と科学技術を巡る諸相』153-180
中村尚司 1989『豊かなアジア、貧しい日本 過剰開発から生命系の経済へ』学陽書房
ネーゲル・トーマス 1989b「主観的と客観的」永井均訳『コウモリであるとはどのようなことか』306-332 (Thomas Nagel, Mortal Questions, Cambridge University Pres, 1979)
藤原辰史 2014『食べること考えること』共和国
古沢広祐 2015「有機農業の新たな意義と課題—日本と世界の将来展望」『農村と都市を結ぶ』768号 18-28
安富歩 2013 4章文献参照
Lang, T. and Heasman, M., 2004, "Food Wars – The Global Battle for Mouth, Minds and Markets" — 古沢広裕・佐久間智子訳 2009『フード・ウォーズ 食と健康の危機を乗り越える道』コモンズ

あとがき

二〇年前くらい前に、「自分の家で焼いたパンはすぐにカビが生えるのに、大手製パン会社のパンはいつまでおいておいてもカビが生えない。何か、人体に悪影響を与える化学物質が入っているのでは。」という話が、食の安全を気にする消費者を中心に広がったことがある。実はこの都市伝説は未だに一部の人たちには信じられている。本文で詳しく説明したとおり、多少なりとも科学的知識がある者なら、家庭で焼いたパン(に限らず、家庭で調理したもの一般)がすぐにカビが生えたり、腐敗したりする理由は明白である。それは、台所が汚染されているからである。この話を知って以来、科学的な知見と消費者に代表される生活者の感覚や認識にギャップがあるのはなぜだろうと、ずっと気になっていた。

私の専門は、社会学の応用分野である開発社会学、政治学の一分野である開発行政学・公共政策学、そして、生物学の応用分野である作物遺伝・生理学である。一人の人間の中で、それなりの越境を経験した人間が、食と農の知識論に挑戦した結果が本書である。筆者は、将来予想される食料・環境問題を解決するには科学の力で技術革新をすることが必要と考え、大学では食料生産の基礎となる作物遺伝学・生理学を学んだ。しかし、大学院で学んでいた時に、科学・技術が社会の問題を解決するのではなく、人類が手にした科学・技術をどのような制度の中で利活用していくかが重要であることに気づいた。学際的研究アプローチが注目され始めたころで、自然科学と人文・社会科学の研究者が協力して社会の課題を解決していく方法に注目が集まっていた。ただ、そのような学際的アプローチの実現は非常に困難であると感じ、最低限問題の構造を把握するには、自分が自然科学と人文・社会科学の両方を学んだほうが手っ取り早いと考えて、生物学で修士課程を終える前後に、公共政策学の大学院に入学しなおした。異なる分野の訓練を受けた人間が、異なる「環世界」を持っており、お互いに共感し、理解することがいかに困難かを直観的に感じていたのだと思う。自分自身は科学技術社会論の研究者でもないし、ましてや知識論や認識論の専門家でもなく、関連分野の専門的な訓練を受けたわけでもない。にもかかわらず、食と農の知識論を論じてみようとしたのには、三つの理由があった。

第一は、シリーズ編者の一人山田肖子先生との二〇一九年五月国際開発学会での会話である。知識論の書籍シリーズを企画しておられ、食と農の分野もテーマとして扱えるかも知れないということだった。持続可能な食と農が担保される社会を築くには、狭い意味の農学を中心とした科学技術の適用による解決アプローチにも、市民運動などを含む政治経済的アプローチにも、根本的な弱点がある。食と農は密接につながっており、特定の分野での議論では、他者とのコミュニケーションは築けないことに気づき始めたタイミングでもあった。勤務校の国外研究制度で、二〇二〇年三月から、アグロエコロジー研究の一つの中心地である英国コベントリー大学に所属し、人権や民主主義を普遍的な出発点とするフードシステム変換のための研究を俯瞰できる機会が与えられたことも大きい。

第二は、筆者の研究対象である「種子」に関して、この二、三年日本で法制度や社会の仕組み、市民運動に大きな変化・混乱が起こっており、自然科学と社会科学をつないで研究してきた内容を整理しておく必要があると考えたからである。多くの人は種子を見たこともなく、農家もよそで作られた種子を購入するだけで、その種子がどのようにして実るかを知っている人は多くない。このように、日常生活から乖離しているものが、メディアやSNSで話題となっており、様々な意見がかみ合わない中で漫然と情報が断片的に流されている状態は社会の持続にとって好ましいことではない、と考えていたところ、出版社の方でも、食の安全・安心と絡めて、食の根源である種子の話を含めてもいいと言って下さり、出版企画が具体化した。

第三は、科学技術社会論という世界があることを筆者に教えてくれた同志とも言える研究者が若くして亡くなったことである。彼女、中島貴子氏は、作物の生産技術である農薬研究で博士課程を終えながら、農薬研究が本当に社会に貢献するのかについて悩み考え、国立大学教員の職を辞し、科学技術政策研究の大学院で学びなおされた。その後カネミ油症事件から始めて、日本の科学者の当事者性について研究されていた。学会も居住地も異なり、じっくり話す機会も多くはなかったが、科学技術の重要さと人間の感性との折り合いを常に考えておられた彼女の研究から受けた刺激は大きかった。今回の私の越境は、彼女から学んだことを、自分の研究対象に当てはめる小さな試みである。

結局は月並みな結論しかないかもしれない。それは、バランスの取れた議論をどう展開するかであろう。しかし、その出発点を他者の経験に頼るのではなく、自らの経験にもとづくそれぞれの「環世界」からスタートすることの意味は大きい。私自身は、一人一人の農家や消費者が、自分たちの持つイリュージョンあるいは環世界に従って、食べたいものを食べるということを実行していくことがより大切だと考える。コロナ禍の中でコミュニティ・ファームを訪れると、生産者も消費者も、「新鮮な」「地域で作られた」「自然を生かした」「美しい」野菜の栽培、収穫、消費を通して、低下しがちな生活の質の維持を図っていた。自身の感覚からスタートするコミュニケーションで、異なる主体が繋がり、切れていた食と農のサイクルが繋がり、身近な生物多様性の保全を通じて、持続可能な社会が築かれていくのではないか。

私たち一人一人はものごとを観察する主体として、主観から逃れることはできない。同時に、客観的事実が存在するという幻想を信じたいという私たちの強い欲求から逃れることも難しい。だからこそ、システムへの再参入に可能性を求める、一人一人の多様な環世界にある個別の生物に対する体感からスタートする知識創造に期待したい。

二〇二〇年師走

謝　辞

本稿の内容の一部は科研費研究 17H04627、17H01682 および 26304033 の助成、つくば機能植物イノベーション研究センター遺伝子実験センター「形質転換植物デザイン研究拠点」事業課題「生命科学研究者による ITPGR-FA「農民の権利」概念の学際的理解促進のための枠組み研究」（渡邉和男教授受入れ）ならびに龍谷大学国外研究員制度によるコベントリー大学アグロエコロジー・水・レジリエンス研究センターにおける「食料及び農業のための生物多様性保全に関する思想的研究」の成果に基づいています。

執筆及び出版に当たって、長期間にわたり適切かつ重要な助言と激励を下さった名古屋大学山田肖子先生と株式会社東信堂下田勝司氏に深く感謝します。

本書の内容については、もちろんすべて筆者の責任ですが、昨年来の療養生活の中での英国訪問や原稿作成・校正作業を助け支えて完成まで導いてくれた妻小百合の寄与なしには本書は実現し得ませんでした。記して感謝します。

著者

西川　芳昭（にしかわ　よしあき）

龍谷大学教授（農業・資源経済学／民際学）・コベントリー大学研究員（2021年8月まで）
京都大学農学部農林生物学科卒業、バーミンガム大学大学院生物学研究科植物遺伝資源の保全と利用コース・同公共政策研究科開発行政学専攻修了、博士（農学・国際環境経済論専攻）、国際協力事業団（現国際協力機構（JICA））・農林水産省・名古屋大学等を経て現職
主要著書：『種子が消えればあなたも消える』（コモンズ、2017）『生物多様性を育む食と農』（編著・コモンズ、2012）『地域の振興』（共編著・アジア経済研究所、2009）『作物遺伝資源の農民参加型管理』（農山漁村文化協会、2004）『地域文化開発論』（九州大学出版会、2002）など

越境ブックレットシリーズ　4

食と農の知識論――種子から食卓を繋ぐ環世界をめぐって

2021年2月25日　初　版第1刷発行　〔検印省略〕

＊定価は表紙に表示してあります

著者 © 西川芳昭　発行者 下田勝司　印刷・製本　中央精版印刷

東京都文京区向丘 1-20-6　郵便振替 00110-6-37828
〒113-0023　TEL 03-3818-5521（代）　FAX 03-3818-5514

発 行 所
株式会社 東 信 堂

E-Mail tk203444@fsinet.or.jp　URL http://www.toshindo-pub.com/

Published by TOSHINDO PUBLISHING CO.,LTD.

1-20-6, Mukougaoka, Bunkyo-ku, Tokyo, 113-0023, Japan

ISBN978-4-7989-1638-5 C3037 Copyright©NISHIKAWA, Yoshiaki